教養みらい選書 007

人、イヌと暮らす

進化、愛情、

長谷川眞理子

世界思想社

はじめに

人間はペットとしていろいろな動物を飼っている。しかし、もっとも数が多くて人気があるのは、何と言ってもイヌとネコだろう。二〇二〇年の「全国犬猫飼育実態調査」（一般社団法人ペットフード協会）というものによると、日本にはネコが推定九六四万四〇〇〇匹、イヌが八四八万九〇〇〇匹というから、これはすごい。

中でもイヌは特別な存在だ。人はイヌと親密に心を通わせ、イヌもそれに応えてくれるように感じる。ネコも、人と親密な関係を持つとは言えるが、イヌとネコを比べると、やっぱりイヌは違う。それは、ネコがあくまでも単独性の動物であるのに対し、イヌはそもそも社会生活をする動物であるというところに起因するのだろう。

この世に生物は何百万種と存在する。その生物がこの地球上に姿を現したのは、およそ三八億年前。最初の生物がどんなものだったのかは、誰も知らない。そして紆余曲折を経たのちに、自分で動いて活動する「動物」というものが進化した。動物の大部分は、昆虫など、骨のない無脊椎動物である。生物進化の歴史では、そちらが先に出現し、今に至るまで大繁栄している。しかし、およそ五億三〇〇〇万年前ごろに、からだの真ん中に脊椎という骨を持つ、脊椎動物が進化した。そして、それ以後、この動物群はさまざまに分岐し、魚類、両生類、爬虫類、鳥類、哺乳類という分類群を輩出した。

これらの脊椎動物の中で、自分の努力でいつでも体温を一定に保っているのが恒温動物であり、それは鳥類と哺乳類だけだ。そして、鳥類は卵を産むが、哺乳類は子どもを産んで、それを母乳で育てる。私たちヒトはその哺乳類の一員である。そして、哺乳類がおよそ四五〇〇種いる中で、ヒトはサルの仲間である霊長目に属する。

本書は、サルの仲間である私たちが、食肉目の仲間であるイヌと一緒に暮らすことによって学んだいろいろなことをつづったものである。考えてみれば、サルがイヌと一緒に暮らすとはかなりおかしなことだ。でも、それほどおかしくはないのかもしれない。桃太郎だって、サルとイヌを従えて鬼退治に行ったのだし。では、キジはどうして？　それはよくわかりません。まあ、それは脇に置いておくとして、「犬猿の仲」という言葉があるように、自然状態では相性はよくないのだろう。

私と夫の長谷川寿一は、それぞれ自然人類学と心理学の研究者である。二人とも、大学で研究を続けてきた。

自然人類学とは、ヒトという動物がどのように進化してきたのかを明らかにしようとする、生物学の一分野である。もう一つ、文化人類学という学問分野があり、こちらは、ヒトの諸集団が持っている文化について研究する学問である。この文化人類学と、私の専門である自然人類学とは、手法も理論もまったく異なる。しかし、何せ、自然人類学の研究室を持っている大学が非常に限られているので、自然人類学の方は、世の中にはあまり知られていない。「文化」と「自然」を省いて「人類学」というと、十中八九、文化人類学が思い浮かべられてしまう。

一方、心理学は、ヒトの心の働きと行動の原理を明らかにしようとする学問である。ところが、なぜか生物学との密接な連携はなく、自然人類学とのつながりもない。心理学は伝統的に、生物としてのヒトの進化的基盤については考えてこなかった。夫は、これはおかしいと思い、ずっと、ヒトの心理の進化的基盤を追究しようと考えてきた。

そういう二人が結婚して、野生のニホンザルやら、アフリカの野生チンパンジーやらを研究してきたのである。対象がサルの仲間である理由は、ヒトが霊長目だからだ。曲がりなりにもヒトの進化について考えようというのだから、ヒト以外の動物を研究するとしたら、まずは、ヒトに近縁な霊長目の仲間ということになる。中でも、チンパンジーは、現生の動物の中でもっともヒトに近縁であることがわかっているので、進化生物学者としては、研究せざるを得ない。

霊長目とは、手足に五本の指を持ち、それらで枝をしっかり握ることができる哺乳類である。

また、両眼が顔の前面についているので世界を立体的に見ることができる。これらの特徴は、樹上生活への適応であり、ヒトという生物は、そんな樹上生活を祖先型に持ちながら、再び地上を歩く生活に戻ってきた霊長目の一種だ。そんなヒトという生物がどんな性質を備えているのかを知るには、ヒトに近縁な霊長目を研究するのは、常道であろう。という訳で、私たちは長らく野生ニホンザルや野生チンパンジーの研究をしてきた。

もちろん、それによって得られた知識は豊富である。しかし、私たちは、霊長目とは異なる系統として進化した哺乳類や鳥類など、他の脊椎動物の行動と生態からも、多くの示唆が得られるはずだと思い、霊長目以外の動物も研究してきた。シカ、ヒツジ、クジャクなどがその例である。それらの動物の研究からも、多くの知見が得られた。

ところが、である。そんな研究の対象として選んだのではなく、ただ心の友として他の哺乳類と一緒に生活を始めたことから、私たちは、これまた実に多くのことを学んだ。それが、イヌであり、それが本書のメインテーマである。

私たちは霊長目、イヌは食肉目で、哺乳類の進化で見ると少し遠い存在だ。しかし、両者ともに社会性の動物なのである。人類学者や心理学者は自分たちの社会性の起源を知るためにサル類を研究するのだが、イヌという、かなり異なる系統の動物の社会生活を知ると、一口に社会性と言っても、そのあり方は一つではないことがよくわかる。サルは視覚優位の動物、イヌは嗅覚優位の動物。でも、両方とも他者の存在が重要な意味を持つ社会性の動物。そして、イヌは、私たちとはかなり異なる存在でありながらも、家畜化の過程を経て、ときに心が通い合うという経験をさせてくれる存在だ。こんな彼らと一緒に暮らして考えたことを、いろいろとつづっていきたい。

（左から）著者、スタンダード・プードルのコギク、マギー、著者の夫・長谷川寿一
撮影：李智男

I　イヌは世界をどのように認識しているか

II　イヌとヒトの来た道

第5章　犬種の違い、個性の違い　94

第6章　イヌの一生　112

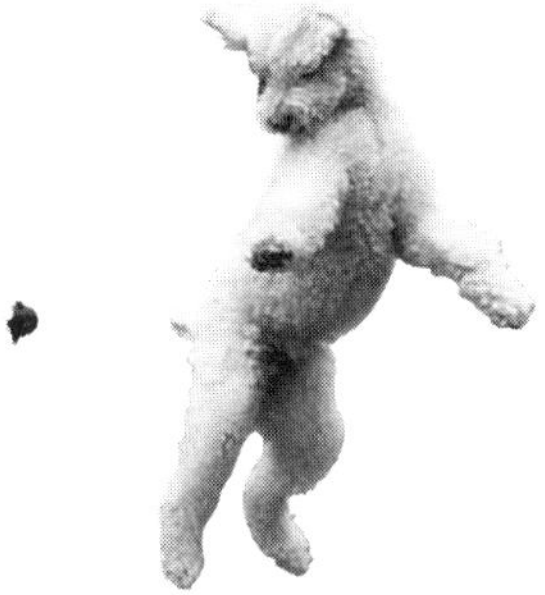

Ⅲ　イヌが開く社会

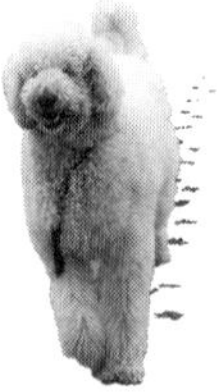

初　出

世界思想社ウェブマガジン「せかいしそう」連載
「進化生物学者がイヌと暮らして学んだこと」
(2019年10月〜2020年9月)

単行本化にあたり、加筆・修正を行ない、改題した

プロローグ
我が家のイヌたち

始まりはネコだった

今の私と夫は、スタンダード・プードルを飼っていて、大のイヌ好きなのだが、私たちと最初に長く生活を共にしたのは、イヌではなくてネコだった。

私と夫の長谷川寿一は、それぞれ自然人類学と心理学の研究者である。自然人類学も心理学も、究極的にはヒトという生物の性質について知りたいので、私たちは、ヒトが属する分類群である霊長目を研究することから始めた。人類の系統とチンパンジーの系統が分かれたのは、今からおよそ六〇〇万〜七〇〇〇万年前のことである。六〇〇万年は長い年月だし、それだけ時間が経てば大いに違う生物になるだろうとは言うものの、現生の動物の中でヒトともっとも近縁なのはチンパンジーなのだ。だから、チンパンジーの研究から、ヒトについて何かがわかるに違いないということである。

私たちは二人とも、動物の行動を研究したかった。そして、実験室の中で動物に対して操作を加えて研究するよりも、野生状態の動物の行動を研究したかった。そこで、学部のときから千葉県に生息する野生ニホンザルを観察し、大学院では、アフリカ、タンザニアに生息する野生チンパンジーの研究を行なった。

アフリカの奥地のネコ、アビちゃん

アフリカでは、タンザニアのタンガニーカ湖の湖畔に住んでいた。電気なし、ガスなし、水道なし。私たちの家は、現地式の泥壁の家で、トタン屋根が葺かれていた。天井は張っていないので、雨が降るとトタン屋根にあたる雨音がすごくうるさい。原野の真ん中なので、周囲に動物がたくさんいる。そして、お米など置いておくとすぐにネズミが来た。

そこで、私たちの家の雑用をしてくれていたアフリカ人に、ネズミ退治のためのネコを手に入れてくれと依頼した。すると、二つ返事で引き受けてくれた彼が数日後に持ってきたのは、ポケットに入るくらい小さな子ネコだった。こんな子ネコでは、とてもネズミ退治の即戦力になどなってくれそうもない。しかも、とっても可愛くて愛らしい。結局、私たちが餌をやって大切に育てることになり、ネズミの被害はいっこうに減らなかった。

このネコには、アビシニアという名前をつけた。通称アビちゃんは、よく木登りをするのだが、登る一方で、下りることができない。パパイアなどの、枝がまったく生えていない、すーっと一本の幹をするすると登るのはよいのだが、下りられないので、上の方でニャーニャー鳴いている。そこで、私たちが、わらで編んだカゴを竿の先につけてアビちゃんの下に差し出し、「ほら、飛び降りて！」とせかすのだが、怖いのか、なかなか飛び込まない。こんなことに小一時間もとられたりして、いったい何をやっているのだか。

　また、アビは、よく家の梁の上に上って、そこで寝てしまうことがあった。天井がないので、幅二〇センチくらいの梁がむき出しになっている。高さは、三メートルくらいあったろうか？　いくら小さな子ネコだといっても、梁は二〇センチほどの幅しかない。危なっかしいこと限りないのだが、そこは、涼しいから気持ちよかったのかもしれない。あるとき、本当にぐっすり寝てしまったのだろう、私たちの仕事机の上にドタンと落ちてきた。ネコだからか、無事着地できたのでよかった。

　家の庭には、いろいろな動物がやってくるが、野生のチンパンジーもときどきやってくる。そういうときは観察の絶好のチャンスなので、休みの日でも、すぐに観察に出かけて行く。チンパンジーのおとなの雄は大変に力が強く、また、時として凶暴になる。そして、彼らは肉食

アフリカの家の庭で、アビちゃんと「闘牛ごっこ」に興じる
撮影：長谷川寿一

をするのだ。小さなサル類やカモシカの仲間を捕まえて食べるのである。

ある日、庭にチンパンジーたちがやってきたあと、アビちゃんが見つからない。もしかして、チンパンジーたちに捕まってしまったかもしれないと、私は恐怖に陥った。「アビー、アビー」と呼んで庭と家を探しまわったが、返事がない。心配で泣きそうになったところで、家の上の方からかぼそい声が聞こえた。アビは、この騒ぎの間中、梁の上でずっと寝ていたのだ！ なんともお騒がせなネコだった。

アビは、私たちがアフリカを去ったあと、次の研究者に引き継がれ、何匹もの子どもを産んで天寿をまっとうしたとのことである。

コテツくんとの暮らし

一九八二年の六月、アフリカから帰った私たちは、東大の本郷、龍岡門近くのマンションに住み始めた。そして、一九八三年三月、東大の医学部保健学科のゴミ箱周辺で拾ったのが、ネコのコテツくんだった。まだ生後三ヶ月ぐらいの小さな子ネコで、なぜか声が出ない子だった。口を開けて「ニャー」という格好をするのだが、声にならない。鼻水をたらして惨めな様子で、明らかに保護を求めていた。私は、瞬時に子ネコを抱き上げ、コートのポケットに入れて帰った。マンションで夫にネコを見せると、「あ、こいつ、昨日は本富士署の前にいたよ」と言う。かわいそうだから、頭をなでてやった、とのことだ。

そのマンションではペットを飼ってはいけないことになっていた。夫はそれもあって、頭をなでただけで置いてきたということだが、私は拾ってしまった。一つには、声が出ないようなので、飼っても見つからないだろうと思ったからだ。事実、コテツはその後何年も声が出なかった。とても毛並みのきれいな黒白の子で、きっとどこかで飼われていたに違いない。捨てられたのか、逃げてきてしまったのかはわからないが、根っからの野良ではないようだった。

コテツという名前をつけたのは、日本から送ってもらってアフリカで愛読していた、『じゃりン子チエ』の漫画がもとである。あの漫画はずいぶん楽しんだが、チエちゃんのうちのネコの名前が小鉄だ。

当時、私たちは、博士論文執筆の真っ最中だった。私は、東京大学理学部生物学科の人類学教室の助手（今で言う助教）という職についたのだが、夫は、まだ東京大学文学部心理学教室の院生で、職がなかった。当座の生活費はあったものの、私が助手なのに自分は無職ということで、あの頃の夫はかなり荒れていた。そこに、か弱い子ネコが来たのである。プラスチックのトイレと砂、餌と水を入れるお皿、首輪、ドライフード、おもちゃ、薬などなどを買い、鼻水をたらしているので病院に連れて行き、と世話をしてあげる間に夫の精神状態はよくなった。

コテツくんに感謝である。

それからしばらくして、私たちは、私の両親の住んでいた家を改造して二世帯住宅にしたところに移り住んだ。私たちの居住区は二階だった。コテツは、ときどきとてつもない勢いで階段を駆け上がり、上りきると、さて、何をしにきたのだっけ？　という顔をする。とても良い子だったが、私たちのソファの側面の一つで爪を研ぐことを覚え、どうしてもやめさせることができなかった。おかげで、その面だけはひどいボロボロ。

コテツくんと（1984年）

一階の玄関からつながっている私の両親の居住区にもしょっちゅうお邪魔し、うちの母に可愛がられていた。父が食べたあとの焼き魚の残りをもらったり、チーズをもらったりしていた。シャムネコか何かの血が四分の一ぐらい入っているのか、顔も完全に日本ネコのようではないし、脚の長い大柄なネコだった。母が甘やかして食べさせるので、最盛期には五・五キロあった。

寒くなると、夜寝るときに私のベッドに入ってきた。

こちらも寒いので歓迎なのだが、朝目が覚めると、必ずコテツがベッドのど真ん中に寝ており、私はすみに追いやられ、今にも落ちそうな具合だった。

コテツくんとはよく遊んだ。紙を丸めて小さな玉を作って投げてやると、空中に跳んでキャッチする。そして、床に落ちた玉を、まるで獲物かなにかのように手で転がしたり、それを追いかけたりして、一人で遊んでいる。私がドアのうしろに隠れると、すぐに忍び寄りの体勢になり、尻尾《しっぽ》を振って、獲物に襲いかかるかのように、ドアに向かってくるのだ。しかし、年をとるとともにあまり遊ばなくなり、寝ていることが多くなった。それは、どんな動物も同じである。

コテツは、二〇〇二年の夏に老衰で亡くなった。遺体は伊豆の別荘の庭に埋めた。拾いっ子なので正確な年齢はわからないが、二〇歳に近かっただろう。私たちが博士号を取得し、大学の助手になり、助教授になり、教授になりという、人生の大事な部分を全部見ていたネコであった。

こんなに長い間を一緒に過ごしたので、コテツが亡くなったときは、本当に悲しかった。電車に乗っていても、道を歩いていても、ときどき思い出しては涙が出てくることがあった。ずっと喪中ということで、家の中が暗くなった。

キクマルが来る

二〇〇二年、両親と一緒に暮らしていた家から、夫の勤める東京大学駒場キャンパスの近くのマンションに引っ越した。そのころ、私は早稲田大学政治経済学部に勤めていたが、二〇〇四年、東京大学農学部獣医学科で集中講義を頼まれた。そのとき、当時そこで助手をしていた菊水健史先生から、「うちのスタンダード・プードルに子どもが生まれるのだけれど、一匹いかがですか?」と声をかけられたのである。

そのときは、まだコテツの喪中という感じであったし、ずっと自分たちは「ネコ人間」だと思い込んでいたので、イヌにはあまり関心がなかった。ところが、五月二四日に「生まれました」というメイルとともに写真が送られてきた。可愛い、白い子犬(雄)がうずくまっていた。それを見たとたん、私は一目惚れしてしまい、「もう、あかん」と夫にメイルした。すると、夫も「わいもや」という返事。こうしてあっという間に、スタンダード・プードルを飼うことになってしまったのである。

ところで、私たちは二人とも、東京生まれの東京育ちである。私は、小さいときに数年、和歌山県の紀伊田辺で過ごしたことがあるので、関西弁はできる。が、私の本来の言葉は東京弁である。夫は関西で暮らしたことはないので、関西弁はまったくできない。しかし、漫画の『じゃりン子チエ』の影響を受けて、私たちは、ときどき妙な関西弁を使うことがある。また、そのころ、内田かずひろ氏の『ロダンのココロ』という漫画にも惚れ込んでいたが、この主人公のロダンというイヌは、博多弁（？）を話すのである。そういうわけで、私たちの会話の中には、ときどき、へんな方言が混じる。

さて、獣医である菊水先生は、生まれてから三ヶ月は、しっかりとイヌのお母さんに育ててもらうという方針なので、五月二四日から三ヶ月がたった八月の末ごろ、渋谷の富ヶ谷のマンションに子犬が来た。名前は、キクマル。菊水先生のところから来たのでキクマルなのではない。駒場の先生の誰かが昔飼っていたネコの名前がキクマルだと聞いたことがあった。そのとき、とてもよい名前だと思ったので、うちのイヌの名前に採用したのである。

ペット・ショップでは、とても小さな子犬でも買えることがある。小さな子犬は、それは可愛いものだが、やはり、イヌはイヌの親に育ててもらい、しつけてもらわないといけない。そうでないと、イヌどうしの社会関係の基本が身につかないし、飼い主である人との関係にも支障をきたす。二〇二一年六月から法律で、八週齢以下の子イヌ、子ネコを販売してはいけないことになったが、それは当然である。

菊水先生のところのスタンダード・プードルは、雌がアニータ、雄がコーディと言って、ともに、アメリカの血統書つきのイヌだった。これが、キクマルの両親である。アニータはアンズ色、コーディは真っ黒だが、生まれた子犬は白が半分で、キクマルも白だ。キクマルのきょうだいは全部で八匹。子犬たちは次々ともらわれていき、キクマルは最後に残った一匹だった。最後までお母さんのアニータに甘えて暮らしていた。うちに来たときは、生後三ヶ月でまだ小さいとはいえ、すでに体重七・八キロになっていた。

キクマルは、菊水先生の家から夫の車に乗せられて、富ヶ谷のマンションにやってきた。しかし、その時、私は一緒ではなかった。富ヶ谷から早稲田に通うのがなんとも遠回りで不便なので、もっと早稲田に通いやすい二番町に小さなマンションを購入したのである。それから数年間、私は富ヶ谷と二番町との二ヶ所をめぐる暮らしをしていた。

初めてキクマルと会ったのは、九月の始め頃。私が富ヶ谷のマンションに帰ってきたときだ。キクマルは、当時はまだ小さかったのだが、それで

生後二ヶ月のキクマル（左下）ときょうだいたち
撮影：菊水健史

も、初めて見るととても大きくてきれいな子だった。スタンダード・プードルの子犬は、初めは脚が短いのだが、どんどん長くなる。事実、キクマルは見る見る大きくなり、最終的に体高六九センチ、体重二五・五キロになった。後ろ脚は本当に長くまっすぐに伸びて、優雅な歩き方をする。性格はおとなしく、人間でもイヌでも、誰に対しても優しかった。

キクマルと私の関係構築

毎日のご飯もお散歩も夫が面倒を見ているので、キクマルにとって、夫は完全に「ご主人」である。一方、私はと言えば、ときどきしか富ヶ谷のマンションに来ない。私も、ご飯をあげたり、お散歩に連れて行ったりもするのだが、その比重は夫とはずいぶん違う。あのころのキクマルは、まだ一歳前の子どもだったから、遊び盛りだった。どうも、私をただの「友達」だと思っているらしく、よく、両腕を前に放り出してからだを低くし、遊びに誘う動作をする。

ある日、夫がいなくて私とキクマルの二人だったとき、仕事をしている私に対して、キクマルがまた遊びをしかけてきた。私は、これはちょっと困ったものではないか、こんなに遊び仲間だと思われていてよいものか、と考えた。これから長いつきあいが始まるのだから、私は夫と同じく「ご主人」の立場であることを示しておかねばならないのではないか。

遊びに誘う動作（左）
ジャスミン（キクマルの姪、コギクの母）がキクマルを遊びに誘う

そこで思い出したのが、もう何十年も前に読んだ、コンラート・ローレンツの著作である。ローレンツは、動物の行動を研究する学問である動物行動学の元祖の一人であり、一九七三年に、カール・フォン・フリッシュ、ニコ・ティンバーゲンとともに、ノーベル生理学・医学賞を受賞した。動物行動学という新しい学問分野を設立した貢献での受賞である。

フォン・フリッシュはドイツの研究者で、ミツバチが蜜の在りかを見つけると、巣に帰って8の字ダンスを踊ることで、その距離と方向を仲間に伝える、という発見をしたことで有名だ。この例は、高校の生物の教科書にも載っていることが多い。

ティンバーゲンはオランダ出身の研究者で、英国のオックスフォード大学の教授になった。彼は、おもにセグロカモメの研究で有名である。セグロカモメの親のくちばしの先には小さな赤い点がある。ヒナはそれを見ると親だと思い、その赤い点をつつく。すると、それに反応して親がヒナに餌を与えるのだ。たとえ、親の顔とそっくりの模型を見せても、くちばしの先に赤い点がなければ、ヒナは餌ねだりをしない。逆に、かなり雑な模型でも、長いものの先に赤い点があれば、ヒナはそれをつついて餌ねだりをする。つまり、ヒナは親の全体像などを理解しているわけではなく、「長いものの先の赤い点」というのが鍵刺激となり、餌ねだり行動を誘発しているのだ。この研究も、高校生物の教科書に載っている。

ローレンツはオーストリアの研究者で、彼は、たくさんのおもしろい研究をした。卵からかえったばかりの水鳥のヒナが、最初に見た動くものを「親」と認識し、そのものについて歩くという「刷り込み」行動の研究が有名だろう。彼の家はオーストリア郊外の広大な敷地にあり、森も湖もある。そこで、子どものころからいろいろな動物を飼って研究してきた。卵からかえって初めて見た動くものがローレンツであったハイイロガンのヒナたちが、ローレンツの行くところにはどこにでもついて行き、彼が走れば彼らも走り、彼が湖に飛び込むとヒナたちも湖に飛び込む、という有名な動画が残されている。

一九七四年に、夫は東京大学の文学部心理学科へ、私は理学部の生物学科へと進学した。その前年がローレンツたちのノーベル賞受賞であり、駒場の教養課程で最後にとった授業で、新分野である動物行動学のことを知った。私たちは、さっそくローレンツらの本を買って読みあさった。どれもとてもおもしろかった。その中の一つが、ローレンツの『ソロモンの指環』（早川書房）である。その中に、このハイイロガンたちが屋敷の庭を我が物顔に歩き回り、ローレンツの奥さんの菜園を荒らす話が出てくる。

おとなのハイイロガンは、翼を広げると二メートル近くにもなるという大きな鳥なのだ。図々しくて、ちょっとやそっとでは逃げない。そこで業を煮やした奥さんが一計を案じた。大きな黒いこうもり傘をたたんだまま持って、ガンたちに近寄る。そこで、ぱっと傘を広げては閉じる、ということを素早く繰り返すのだ。これには大きなハイイロガンたちも心底びっくりして逃げていったという。

キクマルが私を尊敬しないのでどうしよう、と考えていた私は、ある日、この話を思い出した。そして、玄関から傘をとってきて、キクマルの前でさっと開いた。キクマルはびっくりした。そこで傘を閉じる。キクマルは怪訝そうな顔で私を見る。また傘をぱっと開く。これを繰り返すと、キクマルは驚き、だんだん怖くなり、しり込みしながら廊下を洗面所方面に退却した。私はそれを追って、傘の開け閉めを繰り返す。とうとうキクマルは、尻尾を巻いてお風呂場に座り込んでしまった。これで、私の勝ち。

当時の私は、まだイヌというものがよくわかっていなかった。今思えばかわいそうな気もするが、さいわい、キクマルはこれで性格がねじ曲がることもなく、それ以後も良い子に育ってくれた。では、私のことを「尊敬するように」なったかと言えば、そうでもない。やはり「ご主人」の地位は夫だけのものであり、それはゆるがず、一生変わらなかった。

イヌにお散歩はつきものだが、スタンダード・プードルのような大型犬は、とくに運動量が多く、長いお散歩が欠かせない。富ヶ谷のマンションの近くには、代々木公園がある。ここは大変に広い公園で、朝早くに大型犬の飼い主さんたちが集まって、イヌを遊ばせていた。そこで、うちのキクマルも、毎朝六時ごろに公園に行って散歩するのが日課となった。東京の真ん中なのに、こんな場所があって本当に幸せなイヌだ。

代々木公園では、キクマルはたくさんのイヌたちと友達になり、飼い主さんたちと私たちは「イヌ友」になった。みんな近所に住んでおり、こうして私たちの生活も大きく変わることになった。

コギクとマギー

私たちが最初に飼ったイヌはキクマルである。これから、キクとの生活で学んだことをたくさん書いていくが、今、この原稿を書いている段階で、キクマルはもういない。二〇一九年の四月に一四歳一一ヶ月で大往生した（その詳細はまた後で）。キクがだんだん年とってきた二〇一三年ごろ、いずれそのうちキクが亡くなるのは避けられないことなのだから、そのとき私たちはどうなるだろうと考えた。ペットロスはかなりの打撃に違いない。そこで、もう一匹、小さい子を飼うことにした。

キクの姪にジャスミンという女の子がいる。二〇一四年にジャスミンが子どもを産むというので、そのうちの一匹をもらうことに決めた。出産が始まったのは十二月三一日。そして、私たちがもらい受けることになった雄の子が生まれたのは二〇一五年一月一日の早朝だった。全部で一〇匹が生まれた。母親のジャスミンは黒いのだが、父親も黒い子。そして、生まれた一〇匹は全員、黒い子だった。雄の子を希望したが、生まれた一〇匹のうちのどれをもらうことになるのかは、最初からは決められない。一〇匹の引き取り希望がだんだんに決まり、それぞれのうちの事情と飼い主さんの性格などを勘案して、菊水先生たちが決める。

生後三ヶ月はしっかりと実のイヌの親に育ててもらい、イヌの親によるしつけをするという菊水先生の方針に従い、三月の末に引き取りに行った。菊水先生の家の庭で、黒い子たちがチョロチョロと遊びまわっている。どれもみんな可愛いのだが、薄紫のリボンをつけた子が、うちの子だそうだ。そうかそうか、あれが我が家の子か。名前はどうしようかと悩んだが、そのうちキクマルを襲名することとして、当分の間、コギクとすることにした。「この子は天才ですよ」と言われて、親バカは少し喜ぶ。ところが、「いたずらの天才ね」ということで、

コギクを引き取りに行った日
中央の黒い子がコギク、手前はキクマル

うっと詰まる。

　まあ、なにはともあれ本当に可愛いので大喜びで連れて帰った。この時、キクマル一一歳。もうかなりの老齢である。今振り返ると、チビを迎え入れるには少し年が離れすぎていたのだと思う。コギクは大はしゃぎだが、キクマルにとっては、なんともうっとうしい。この二頭が本当に全身でじゃれ合うことはなかったように思う。

　そして、二〇一九年の四月、キクマル大往生。コギクは、キク爺にすっかり懐いていたので、キクがいなくなって本当に寂しそうだった。ずっと玄関に座って、まるでキクが帰ってくるのを待っているかのようだった。それもかわいそうだし、私たちも、二頭飼いに慣れてしまったので、やはりもう一頭欲しくなった。しかも、今のマンションは、他人に迷惑をかけない限り、何頭でも飼ってよいという場所なのだ。

　二〇一九年の十月三日、コギクと同腹のニコちゃんが出産した。ニコちゃんも、コギクと同様の真っ黒。お父さんはカタナくんというスタンダード・プードルで、色は灰色だった。しかし、生まれた子どもは、またもや全員が真っ黒。今回は一一匹きょうだいだった。今度は、女の子をもらうことにした。十二月十二日に麻布大学の菊水研究室にもらい受けに行った。その少し前、どの子をもらうかを決めてもらい、コギクを連れてみんなに会わせた。でも、コギクは何にもわかっていないようで、あまり関心もないかのように振舞っていた。

今度の女の子の名前はマーガレット、通称マギーである。十二月十二日にマギーをもらい受けに行ったとき、コギクは、以前に会いに行ったことを思い出して、「ああ、あれは、このためだったのか」と思っただろうか？

菊水先生によれば、マギーは、「おしゃべり（よく吠える）で、ちょっとビビリンで引っ込み思案」ということだった。実際、「おしゃべり」はその通りで、他のイヌを見たり、家の前を人が通ったりするのを見ると、ブフブフとよく吠える。キクマルやコギクよりもよく吠える。しかし、「ちょっとビビリンで引っ込み思案」というのは、その後、大間違いだとわかった。ビビリンなんて何のことか。まあ、図々しい、図太い、遠慮しない、我先におやつをもらおうとする。と言うと悪く聞こえるが（実際、悪いこともあるのだが）、とても明るい性格で、他のイヌともすぐに仲良くできる、良い子である。

今回のコギクとマギーの年の差は四歳だ。それでも、コギクは五歳なので、もうおじさんの

マーガレット
(奥はコギク)

域に差し掛かる頃だ。〇歳のマギーはエネルギーと好奇心の塊で、何でもかんでもコギクに挑戦し、絡んでいく。コギクにとっては疲れる相手だ。でも、キクマルとコギクのときのようには年が離れていないので、二匹は、思う存分にじゃれあい、絡み合って遊んでいる。

　夫は、初めての女の子なのでとっても可愛がっているが、元々、もっとおとなしくてしおらしい子が来るものと思っていたらしい。それが、お兄ちゃんのリードを噛みちぎり、ご飯のお鉢に物凄い勢いで鼻を突っ込んで、ご飯を四方八方に飛び散らかすような子だったのだ。何ヶ月かは、「こんなはずではなかったのに」というようなことをブツブツ言っていたが、今では、それもまた可愛いと思っている。

　マギーはスクスク育って一歳になった。今の我が家にはキクマルの位牌があり、その周辺でコギクとマギーがレスリングして遊んでいる。キクマルがいた頃の話、現在のコギクとマギーの話、いろいろと織り交ぜながら、進化生物学者がイヌと暮らして学んだもろもろについて、語っていこう。

I

イヌは世界をどのように認識しているか

第1章　食べる、嗅ぐ

イヌと食べ物をめぐる話

キクマルは大変に良い子だったのだが、あの子はとても食いしん坊だった。と言っても、スタンダード・プードルにしては、ということで、ゴールデン・レトリーバーやラブラドール・レトリーバーなど、他の大型犬に比べれば、可愛いものである。体重二五・五キロ、体高六九センチのキクが歩いていると、たくさんの知らない人たちが話しかけてくる。そして、よく聞かれる質問の一つが、「こんなに大きいと、どれくらい食べるのですか？」ということだった。

でも、キクはそんなに大食いではない。カップ一・五杯のドライ・フードに鶏のささ身一本、というのが定番で、これを朝と晩の二回食べる。あとは、おやつが少ーし。

友達のゴールデンなど、もっともっと食べるし、人が食事しているテーブルにどかっと前足をのせて、人間の物を食べにくる子もいたから、それに比べれば、キクはおとなしい。

それはそうなのだが、なぜ食いしん坊なのかと言うと、私たちがいないときや、いてもキクの方を見ていないとき、結構、いろいろな物を食べてしまったからである。そして、下の子のコギクはというと、そんなことはしないのだ。だから、キクマルの性格だったのだなと思うのである。

もうずいぶん前になるが、夫が東大駒場の教養学部の教授をしていたころ、3号館の屋上で行う、恒例の秋のバーベキュー・パーティというのがあった。そこには、たくさんの先生や職員のみなさんが集うのだが、夫はいつもキクマルを連れて行っていた。ある年、そのパーティで、焼き上がったサンマがお皿にのっていたところを、誰も見ていない間に、キクがその一匹を丸のみしてしまった！　大きなサンマだったし、骨もあるだろうし、どうなることかとみんな驚き、心配したが、キクは大満足だったようである。サンマの骨はたいしたことではないらしい。

キクは体高が高いので、私たちの家の食卓の高さは、キクの首の下になり、食卓の上の物は

食卓の上を見ておねだり

みんな見えてしまう。それでも彼は、私たちがいる限り、その上の物は食べなかった。「そこはゴールデンとは違う」と本人は言いたいのだろう。しかし、たとえば、甘いパンやブリオシュなどを、食卓に置いたまま私たちが出勤してしまうと、みんなキクに食べられてしまった。夕方に帰宅すると、パンはどこにもなく、リビングの床にパンくずが散らばっていたり、キクの大座布団に粉があったりするので、ああ、そういうことかと推察するのである。「置いておく方が悪い」ということらしい。

しかし、いつだったかの年の瀬に起こったことは、これはひどかった。キクは、私たちが出かけている間に、一二個入りのお餅のパックをどこかから引き出し、自分の大座布団の上で、そのパックを開け、さらに一つ一つがパックに入っているお餅を出して、なんと、一〇個食べてしまったのである!!　あの例の、真空パックになっている生のお餅である。焼いて食べる前の状態のあのお餅を、キクは一〇個も食べたのだ!　一二個あったのに一〇個でやめたということは、さすがにおなかが一杯になって、それ以上は食べられなかったということらしい。大量のセロファンやお餅のくずが散らばっている中で、キクが伸びているのを見たときには、もう、なんと言うか、もう……。「おい、お前、大丈夫か?!」。でも、キクは平気でまたもや大満足。「ああ、食った食った」という感じで寝ていた。

おもちゃのゴムのボールで、よい匂いのするものがあり、キクはそれを食べてしまったことがある。イヌのおもちゃにはいろいろなものがあるが、噛むときゅーきゅー鳴るボールは、どのイヌも大好きだ。その中で、とてもよい匂いのついている、柔らかいボールを与えて遊ばせていたところ、なんとキクは、それを食べてしまったのである。

このときは、サンマやお餅のような食品ではないので、こちらは慌てた。どうしたらよいか、ドッグ・シッターさんに聞くと、塩を大量に食べさせるとすぐに吐くので、そうしたらよいということだった。早速、大量の塩を無理やりキクの口の中に突っ込むと、すぐにキクがぼろぼろになったゴムのボールを吐き出した。ああ、よかった、これで一安心。

ところで、ドッグ・シッターという職業がある。ベビー・シッターならぬ、ドッグ・シッター。我が家だけでなく、散歩が絶対に必要な大型犬を飼っているのだけれど、仕事があるので、夕方の散歩に連れて行けないという家は結構あるようだ。そこで、そのようなお散歩の代行をしてくれるとともに、ときには一日のお泊まりなども面倒見てくれる、大変に貴重な人たちだ。獣医関係などの専門学校その他で、イヌについての知識を身につけた専門家で、イヌが大好き。いくつもの家のイヌたちを相手に、大活躍している。我が家も、こういうドッグ・シッターさんなしには、とても暮らしが成り立たない。

さて、キクがボールを丸のみし、塩で吐かせた数日後、ドッグ・シッターさんがキクの夕方の散歩をさせていたら、キクがしたウンチが、地面に落ちてポンと跳ねた、と言うのである！きっと、まだゴムが残っていたのだろう。なんともおかしなことがあるものだ。ウンチが跳ねるまでになるには、まだどれだけゴムが入っていたことか。それらがすべて、何も問題なくウンチにまで至ったことに、まずは感謝したい。いろいろなことはあったものの、キクが健康でいられたのは、本当に幸せだった。

と言うのも、友達のイヌの中には、食べ物で困ったことになったり、不幸な目に遭ったりしたイヌが何匹もいるからだ。渋谷区の代々木公園周辺は、平和な地域であるに違いないのだが、それでも、毒の入った餌がまかれていたという話がないわけではない。その犠牲になったワンちゃんもいる。

友達の黒ラブのポールくんは、飼い主がいない間に、おやつの入ったガラス容器を床に落として、おやつを食べたのと同時に、ガラスの破片も飲み込んでしまった。当然ながら具合が悪くなって病院に搬送され、大手術となった。一時は本当に生死の境をさまよって、今夜が山場、などと言われた。それでも生還して全快し、元気に走り回れるようになった。ポールくん、本当によかったね。

ところが、そのあともまた（懲りずに）、拾い食いした枝が腸に刺さって、大手術となった。そのときも、今夜が山場、という日があり、イヌ友はみんなでお祈りした。でも、今回もポールくんは全快。ああ、本当によかったね。しかしだねえ、もう少し食べ物には気をつけるように、君も学んだら？　と私は言いたい。あれ以後は、もう問題発生なしだから、学んだのかな。

二度の大手術から生還したポールくん

さて、コギクである。コギクは、キクマルの姪の子だから、キクマルはコギクの大伯父さん。血のつながりはあるが、世代的には、爺さんと孫の関係である。キクは真っ白なのに対して、コギは真っ黒だったのだが、今ではからだのいろいろな部分がグレーになってきて、いわゆる、シルバーなのである。
このコギクは、なんともキクマルとは対照的な性格だ。キクは我慢強いのに対し、コギはまったく我慢しない。キクはおとなしいのに対し、コギはめっぽうやんちゃ。小さいときは、キクに比べて、コギは本当にお騒がせの多い、手のかかる子だった。キクマル一頭だけを飼ってスタンプー（スタンダード・プードル）とはこういうものだ、と言いたいところだったが、それは間違い。二頭飼うと、それぞれの個性というものが明らかになる。

コギは、キクよりもずっと口で世界を把握している。まあ、そもそもイヌなのだから、鼻で嗅いで、舌で舐めて、歯で噛んで世界を把握するのは当然だ。そこは、おもに視覚を通して世界を把握している私たち霊長類とは根本的に異なる。だから、キクマルも当然、そのようにして世界を把握していたに違いない。しかし、私たちが、ああそうなんだと、とくにキクに思わせられることはなかった。

ところが、コギクは、とにかく口周りで世界を把握するのである。なんでも噛む、舐める、かじる、鼻でくんくんする、それが徹底的なのだ。生後三ヶ月で我が家にやってきた当初は、うちにあるものは何でもかんでも、コギは舐めてかじった。テーブルの上に置いてあったリンゴはもちろんのこと、花瓶に生けてある花も、造花も、置物も、私の靴も、夫の傘も眼鏡も、本も、新聞も……。

ある日、うちに帰ると、コギの周囲に生け花がばらばらになって散らばっている。オーストラリア土産のアボリジニーの木彫は、足と尻尾がかじり取られて無残な残骸に。私がラオスで買ってきた、日本の「なまはげ」の祖先のようなお人形は、縄で作った髪の毛部分がぼさぼさにかき回されている。私のサンダルはぼろぼろ、夫の傘の柄もむしり取られ、という具合だ。キクは、こんなことはしなかった。

ところが、コギクは不思議なことに、キクのように食べ物を盗み取ることはしないのである。コギだって食べ物は欲しがる。セロファンがくしゃくしゃいう音がすると、おやつをもらえるかもしれないと思って、すぐに跳んでくる。でも、ごめんね、これはおやつじゃなくて、新刊雑誌の包装を開けているところなのよ。しかし、コギは、キクのように、人が見ていないところで食べ物を盗み食いする、ということはないのだ。

目の前の欲求に対して、どれだけ自己制御できるか、という心理学のテストがある。マシュマロ・テストとも呼ばれている。子どもを実験室に呼んで座らせる。机の上の皿にマシュマロなどのおやつが置いてある。実験者は、「このマシュマロを君にあげよう。私は用事があるのでこれから出て行くが、一五分間、このマシュマロを食べないでいられたら、私が帰ってきたときに、二個目をあげるからね」と言って、出て行く。

さて、こんな実験に駆り出された子どもはどうするか？　マシュマロをわざと見ないようにしたり、歌を歌ったりと、注意をそらそうとする。短期的な利益を我慢して、長期的な利益をめざすことができるかどうか、というテストなのだ。このテストでは、その後の追試も含め、確かに目の前の報酬を我慢できる子とできない子がいることは明らかだった。そのことが、彼らの将来にわたって影響を及ぼし、我慢できた子は、できなかった子よりも学習成績がよい、生涯年収が高い、などという結果が得られた。しかし、その後の研究では、「自己制御」ということが、直接に将来の成功を決めているわけではないことが明らかになったようだ。

それはさておき、キクやコギの目の前におやつを置き、「待て」の指令を出す。時間が刻々と過ぎるうちに、だんだんと我慢ができなくなるのは、ヒトもイヌも同じ。そこで、「待て」の指令の解除がなくても、どうしても我慢できなくて食べてしまうかどうか。このテストでは、キクは待てたが、コギは待てない。そうであるにもかかわらず、キクは盗み食いをしたが、コギはしない。このおもしろい違いがどこから来るのか、私はまだよく説明できないでいる。

食べられる物か、食べられない物か?

二〇一九年十二月に我が家にやってきたマーガレット(通称マギー)。一歳になる前はいたずら真っ盛りなのだから仕方ないとも言えるのだが、この子もとにかく何でもかじる。先日は、お風呂場を洗うときに履くビニールのスリッパをかじって、一部を食べてしまった。お父さん(夫)のジョギングシューズの底もかじる、腕時計のバンドもかじる、カーテンの一番下のところもかじる、床の滑り止めに置いてあるコルクの敷物もかじる。そして、必ずやその一部を食べてしまうのだ。まったくもう！

キクマルは、生後数ヶ月ごろの一時期、ソファの足をかじったりしていたが、それほどひどくはなかった。キクは本物の食べ物をよく盗み食いしたが、何でもかんでもかじるということはなかった。コギクは、一歳までは、本も新聞も、花束も置物も、私の靴もサンダルもメガネも、お父さんの傘の柄もかじりまくり、損害総額は何十万円にものぼった。しかし、コギクはかじるだけで、食べてしまうことはほとんどなかった。

そして、今度はマギーである。マギーがよくないのは、かじるだけでなく、食べてしまうことだ。この点に関してうちの子どもたちは、下になるにつれて悪くなっているようだ。

靴をかじるマギー

それにしても、歯がかゆい、何だか興味がある、などの理由でかじるのはわかるが、なぜ食べてしまうのだろう？　代々木公園イヌ友達のポールくんも、ガラス片やら木の枝などを食べてしまい、開腹手術をすることになったが、私にはこの、「食べてしまう」というところが、ちょっと理解できないのである。
ところで、ラットの仲間は雑食である。野生状態では、昆虫や果実、トカゲの死骸などを食べているが、都会生活に適応しているドブネズミなどは、パンやご飯、人参、キャベツ、ビスケットなど、人間が出したゴミを漁って食べる。では、彼らは、どうやってこんな「新奇な」物を食べるようになるのだろう？

ラットの研究（Galef, 1996）によると、彼らは実に慎重である。いろいろな物を少しかじり、少し味わい、吐き出し、用心に用心を重ねて、食べられる物と食べられない物を区別していくのだ。確かに、都会生活でそこらに転がっている物は、毒であったり腐っていたりと、ラットのからだに悪い物である可能性は高い。雑食で身を立てていく動物にとっては、用心に用心を重ねて食べる決断を下すのが最適戦略だろう。

では、なぜイヌはそうできないのか？　イヌもネコも食肉目だが、雑食性はイヌの方が強い。ネコは、ヒトの集団の近くで暮らして、勝手にネズミ取りなどをしながら、「イエネコ」へと進化した。イヌもヒトと一緒に生活し、家畜化されてきたのだが、その過程でヒトの食べ物の残りをもらうことが、ネコよりもずっと多かったようだ。イヌは、デンプンを消化するための酵素であるアミラーゼの活性が高いのだが、これは、パンやご飯など、本来、食肉目の動物が食べるはずのない、デンプンが豊富な物を人間からもらって食べてきた歴史が長いことを示している。

そういうことだとすると、イヌは、都会でたくましく生き延びているラットとは異なり、本当に食べられる物か、そうではないかを真に見分ける能力を身につけなくても生きてこられた、ということとなのだろうか。ヒトがくれる食べ物は安心して食べてよいのだと。しかし、ヒトの居住地には、食べ物ではない危険な物もあるのだから、何でもかじって食べてよいはずはないだろうに。

食べられる物と食べられない物という、本当に生きる根源にかかわることの認識について、イヌではどうなっているのか、私はいまだに不思議に思っている。と、ここまで書いてきたが、それを言うならヒトの子どもはどうだろう？　バケツの縁にかけてあった、泥水を吸った雑巾をくわえてチュルチュル吸ったとか、ボタン電池を呑み込んだとか、ヒトの子どもに関しても、驚くほどの「無能さ」を示す話はたくさんある。ヒトでもイヌでも、これは何か、進化で完璧に解決することはできない問題を示しているのかもしれない。

イヌの嗅覚

しかし、何と言ってもイヌは嗅覚の動物である。それを言えば、哺乳類はだいたいにおいて嗅覚の動物だ。そこで、イヌの嗅覚について調べてみた。

巷では、イヌの嗅覚はヒトの一〇万倍鋭いと言われてきた。だから警察犬や麻薬探知犬がいるのかしら。一〇万倍ねえ。だとしたら、夫と私が本格的なスパイスをたくさん使った、我が家自慢のカレーを作っているときなど、イヌたちは、めくるめく匂いの洪水に圧倒されて、窒息しそうにでもなっているのだろうか、というと、とてもそうとは思えない。こちらはワクワクしながら料理中でも、イヌたちはカレーには興味がないので、そばで無邪気に寝ている。

ところで、最近の研究（McGann, 2017）によると、イヌはヒトの一〇万倍という言い方の是非も含め、ヒトの嗅覚は他の哺乳類に比べてとても貧弱だ、ということを示す確実な科学的証拠はないらしいのだ。そういった主張の元になったのは、一九世紀フランスの有名な脳科学者であった、ポール・ブローカの発言であるらしいのだ。ブローカは、言語の認識が脳のどの領域で行われているのかを研究したことで有名で、言語野の一つである「ブローカ野」に、その名を残している。そういう有名人が、当時のいろいろな事情もあって、そんなことを言ったらしいのだが、以後、そのことをきちんと検証した科学者がいなかったというのが問題だ。どうも、私たち自身が視覚の動物だからか、嗅覚の研究は、視覚の研究に比べてずいぶん遅れている。

二〇一七年にサイエンス誌に掲載されたこの論文はとてもおもしろく、普段はあまり考えたことがなかった嗅覚の進化について、私は結構のめり込んでしまった。

嗅覚は、鼻腔の表面の嗅上皮にある嗅神経細胞で感じ取られる。嗅上皮そのものの面積はと言えば、ヒトはおよそ五平方センチだが、イヌは、犬種にもよるが一三〇平方センチもある。

そう聞くと、「ほう、イヌの嗅上皮は本当に広々しているね」ということになるが、この数字はからだや顔の大きさと関連したものであって、嗅覚の鋭さとは関係ない。なぜなら、嗅覚鋭い哺乳類の代表であるネズミの嗅上皮の面積は、ハツカネズミで一・四平方センチ、ドブネズミでも六・九平方センチだからだ。そもそも、彼らはからだが小さいので鼻腔も小さいのである。

この嗅上皮には、嗅神経細胞という感覚細胞が密集しているのだが、その数は、イヌではヒトの五〇倍以上にもなるそうだ。それはそうだろう、面積が広いのだから。しかし、これは末端の感覚器のことで、そこで感じ取られた匂いは、脳の嗅覚野に送られて処理されて初めて認識される。脳のその部分は、嗅球と呼ばれている。

この嗅球の構造と機能がクセものなのだ。嗅球は、動物の種によって大きさが異なる。また、脳全体の中で嗅球が占める容量の割合も異なる。ヒトの脳全体に対する嗅球の割合は、たった〇・〇一パーセントに過ぎない。それに対して、ハツカネズミでは二パーセント。しかし、それは、ヒトの脳では、前頭葉や視覚野など、他の部分が大変大きくなっているからなのだ。絶対量で見ると、ヒトの嗅球は六〇立方ミリぐらいなのに対し、ハツカネズミでは三〜一〇立方ミリである。ヒトの嗅球は結構大きい。

では、この嗅球には何個の神経細胞があるのだろうか？　驚くべきことに、それは、どんな哺乳類を見ても、みんなだいたい一〇〇〇〇万個のオーダーなのだ。一〇〇〇〇万とは10の7乗である。ネズミ、ウサギ、サル、ゾウ、ヒトと、からだの大きさでは何千倍も異なる哺乳類各種を比べてみると、どれも、$x \times 10^7$で書けるのである。

生物のからだのいろいろな部分は、普通は、からだが大きくなるほど、その部分も大きくなる。からだが大きくなると、筋肉量が増え、その筋肉を制御する神経の数も多くなる。からだが大きくなると、血流も多くなり、肝臓や腎臓も大きくなる。ところが、どんな匂いを嗅がねばならないかということは、からだの大きさとは関係がないのだ。だから、嗅球とそこに分布する神経細胞の数は、どの哺乳類でも、10の7乗のオーダーでやってきたのであって、からだの大きさとはスケールしない。だとすると、ヒトとイヌでも、これまで言われてきたような大きな違いはないのかもしれない。

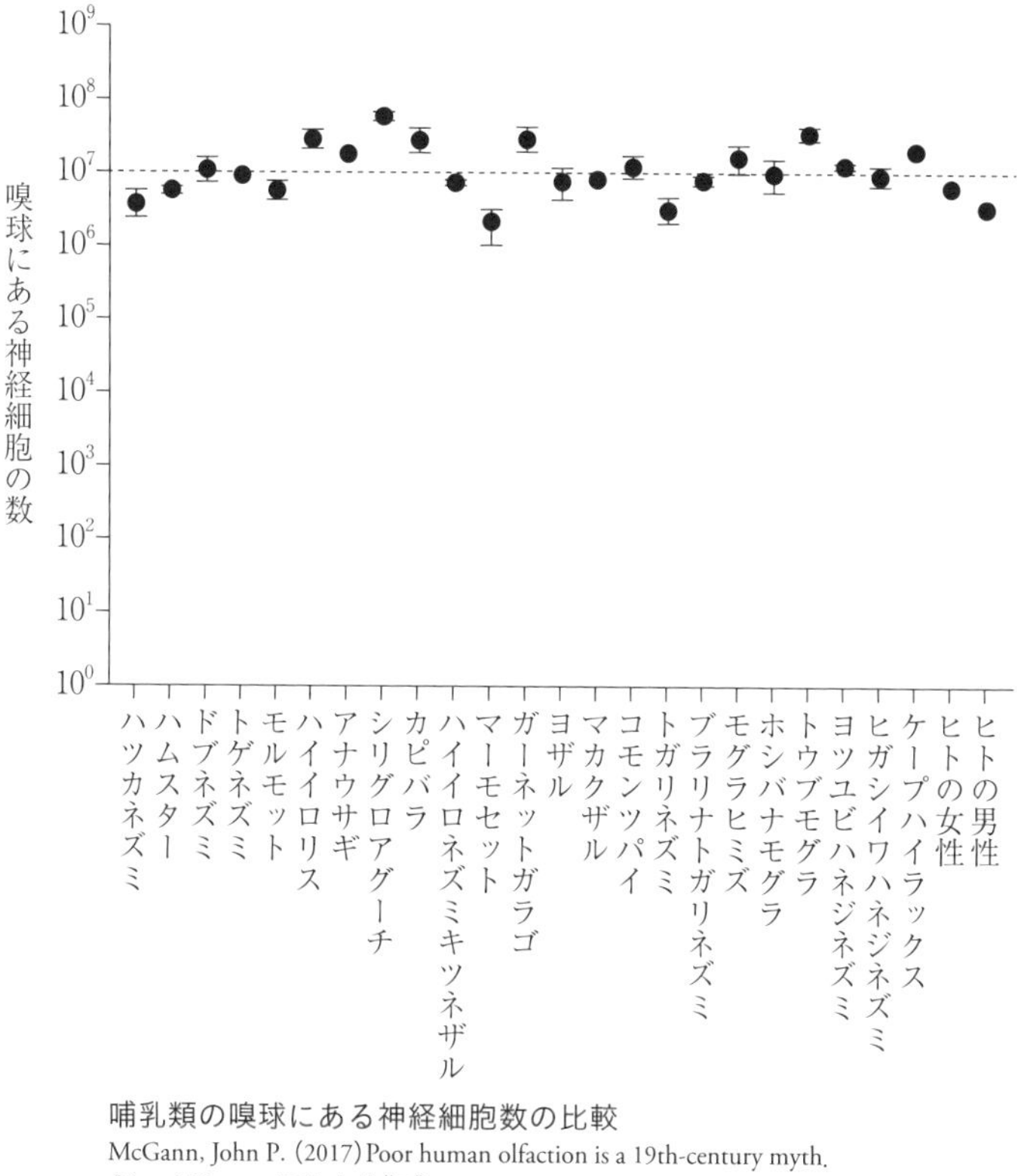

哺乳類の嗅球にある神経細胞数の比較

McGann, John P. (2017) Poor human olfaction is a 19th-century myth. *Science* 356: eaam7263 より作成

ヒトの嗅覚はどれほど優れている？

改めて考えてみて、ヒトの嗅覚はどれほど優れているだろうか？　ワインの香りの微妙な違い、香水の匂い、チョコレートやお醤油、辛子など食べ物の匂い、排気ガスの臭い、石油の燃える臭い、鉄サビの匂いなどなど。いろいろ考えてみると、ヒトも結構優れた嗅覚を持っているのではないか？　ほうれん草とカラシナの匂いの違いは、わかる人にはわかる。最近はコロナで満員電車というのも少なくなったが、以前は満員電車に乗るたびに、私は「オヤジ臭」というものに悩まされたものだ。これは中年以上の男性が出すアントニノニンという物質の臭いである。脱臭や消臭をうたった製品がこれほど多く販売されているのを見ても、ヒトは決して嗅覚が鈍いとは思えない。

大学生の頃に愛読していた本の一つに、ノーベル物理学賞を受賞した、アメリカの有名な物理学者のリチャード・ファインマンが書いた『ご冗談でしょう、ファインマンさん』（岩波書店）がある。その中でファインマンは、結核で亡くなったかつての妻のアーリーンとのゲームのようなものについて書いていた。たくさんあるコカコーラの瓶の一つをアーリーンが握る。それを見ていなかったファインマンが、アーリーンが握ったのはどの瓶であったのかを当てるのだ。結構当たるという話だ。私も、これは本当だと思う。

では、なぜ私たちヒトは、警察犬に頼らねばならないのだろう？　先の論文の著者の考察によると、それはヒトが直立二足歩行をしているからなのだ。直立二足歩行すると、鼻が地面から遠く離れていることになり、単に地面の近くの匂いを嗅ぐことができなくなったからなのだ。うちのイヌたちを見ていても、つねに鼻を地面に近づけてクンクン嗅いでいる。人間だっておそらく、そのようにしたら、イヌと同じようにいろいろな匂いを嗅ぎ分けられるのかもしれない。でも、立って歩いているからそうできないだけなのだ。地上一メートル以上の高さに漂っている匂いや、食べ物の匂い、手に取って嗅ぐ物の匂いは、ヒトだって結構よく嗅ぎ分けている。

パトリック・ジュースキントという作家の書いた、『香水』（文春文庫）という小説をご存知だろうか？　ヒトが究極の快を感じられる匂いを追求する男の話だ。主人公の男性は、花や既存の香水などのさまざまな「よい匂い」を研究し、究極のよい匂いは、若い女性の肌から発せられることを解明する。そして、ある手段によってその匂いを抽出し、他のよい匂いと合わせて調合することに成功する。その究極の香水をつけて人前に現れた主人公は……。あとは読んでのお楽しみ。衝撃的な結末です。

しかし、ここで水を差すようだが、女性と男性を比べると、匂いの嗅ぎ分けは、男性よりも女性の方が優れている。先ほどの論文によると、ヒトの男性の嗅球に存在する神経細胞の数は、これまでに調べられている哺乳類の中ではかなり下の方だ。数の少ない方から多い方に並べると、マーモセット（南米に住む小さなサル）、ヒトの男性、ハツカネズミ、ハムスター、モルモット、ヒトの女性、マカクザル（ニホンザルやアカゲザル）、ドブネズミ、の順になる。だから、先の小説の主人公は男性ではなくて、女性であるべきなのかもしれない。

ここでもう一度の、しかし、である。「嗅ぎ分けることができる」ということと、「嗅ぎたい」という欲求は異なるのだ。もしかしたら、嗅ぎ分ける能力は男性よりも女性の方が優れているかもしれないが、嗅ぎたいという欲求は男性の方が強いかもしれない。それは、ジュースキントの小説に表されているように、匂いの快感が性的な欲求と結びついているからだ。

ヒトの女性は、妊娠可能な排卵期になっても、目に見えるからだの変化は起きない。本人自身も排卵しているかどうか気づかず、意識的には何の変化もない。しかし、からだの匂いの面では、排卵に伴って確かに変化が起きている。男性は、それに気づかないよりも、気づいた方が繁殖成功度が上がるだろう。だから、進化史において、ヒトの男性は、女性のからだの発する匂いには敏感に反応するようにできており、それを嗅ぎたいという欲求も高くなっていると考えられるのだ。だから、先ほどの小説のような話ができるのだろう。

さて、哺乳類の嗅覚について語るときに、嗅上皮と嗅神経細胞以外にも重要な器官がある。

それは、鋤鼻器《じょびき》と呼ばれるもので、ヤコブソン器官ともいう。これは、嗅上皮からの嗅神経細胞とは独立に嗅覚を感じる器官で、嗅上皮の近くに別に存在している。以前は、ヤコブソン器官は、とくにフェロモンを感知する器官だと考えられていたが、そうと限ったものではなく、もっと一般的に、揮発性の低い物質が液体で存在するときの感知に使われているらしい。

発情した雌イヌの匂いは独特なものであるらしい。ヒトにはわからなくても、イヌにはわかる。うちのワンコたちのお友達のアリーちゃんは、避妊していない女の子で、ヒート（発情期）が来ると、代々木公園中の雄のイヌたちが興奮する。うちのマギーは、一歳前ではまだネンネで、何も考えていなさそうだ。そのうちにヒートが来るだろう。その前兆があるのかないのか、コギは最近しばしばマギーのお尻を嗅いでいる（二〇二〇年冬の時点で）。

ヒトにもヤコブソン器官があるのか、それは機能しているのか、というのは長らく疑問とされてきた。私が院生のころには、実はヒトにもあって機能しているのだという話があった。が、結局のところ、ヒトにはこれはないというのが最近の結論のようだ。これはヒトの嗅覚の特徴でもあるが、ないからと言って、ヒトの嗅覚が貧弱だということにはならない。イヌにはあるので、イヌは、普通の嗅覚器官とヤコブソン器官の双方を駆使してこの世界を感知していることになる。

ところで、お散歩の途中でクンクン、クンクン、絶えず地面を嗅いでいるのは圧倒的に雄である。それは縄張りの確認と関係している。自分のおシッコで縄張りをマーキングし、他のイヌがその中でおシッコをしたかどうかをチェックしてまわるのだ。お友達のイヌのおシッコの匂いはすべてわかっているようだ。見知らぬ（嗅ぎ知らぬ？）イヌの匂いがすると、なんだなんだと丁寧にチェック。そして、これも覚えておくのだろう。

匂いの学習と文化

また、イヌもヒトも、匂いの識別能力は完全に先天的に決まっているわけではない。学習の効果も大いにある。ワインのソムリエは生まれながらにさまざまなワインの違いを嗅ぎ分けられるわけではない。もちろん天性の能力もあるが、主に訓練の賜物だ。

イヌも同じなのだと思う。香川県の有名な警察犬のきな子ちゃん（ラブラドール・レトリーバー）をご存知だろうか？　警察犬の試験に六回挑戦して失敗。もうダメかと思われた最後の七回目の試験で見事に合格した。香川県丸亀警察署の警察犬、広報犬として活躍したが、二〇一七年に一四歳で他界した。彼女の努力の物語は映画にもなった。まあ、これは嗅覚だけの話ではないのだけれど。しかし、イヌがヒトなどの臭跡をたどる能力も、生まれつきどんなイヌも優れているわけではなく、訓練の影響は大きいのだ。

うちのイヌを見ていると、キクマルは、それほど匂いを嗅ぎたがらなかった。それよりもコギクの方が嗅ぎたがる。そして、誰よりも匂いを嗅ぐのが好きなのはマギーだ。縄張りのマーキングはコギクだが、それ以外の、とくに食べ物の匂いに関することだ。嗅ぎ分ける能力よりも前に、そもそも嗅ぎたいという欲求がどれほど強いかが違う。マギーは、靴下や靴をくわえて持ってきて、クンクン嗅いでみちみちと舐めるのが大好きだ。人がオナラをすると、必ずやお尻を嗅ぎに来る。これも食べ物に関係があるのだろうか？　キクやコギはこんなことはしなかった。こんな個体差も、三頭も飼わなければわからなかったことだ。

ところで、ノーズ・トレーニングというものがある。うちで持っているのは、一メートル×六〇センチほどの一枚の座布団のようなものに、たくさんのポケットやヒダヒダがついていて、そこにおやつを隠すことのできるシートである。イヌは、鼻でクンクン嗅ぎながらおやつを探すのだが、嗅ぎ当てたとしても、取り出すのが難しい。シートの隠し場所はヒダの下が多いのだが、ワンコたちの手では、「めくる」ということができない。そこで、自分で考えて、どうにかして取り出さねばならないのだ。

マギーは、親たち（私たち飼い主のこと）が仕事に出ていてお留守番のとき、床のコルクをかじったり、パソコンの電線をかじったりと「おいた」がひどかったので、暇つぶしを兼ねて、このノーズ・トレーニングシートを購入した。効果は抜群で、これで本当に暇つぶしができているのか、おいたは止んだ。しかし、これを見ていても、イヌだからといって、なんでも瞬時に嗅ぎ分けているわけではないようだ。また、このおもちゃに対する興味は、コギよりもマギーの方がずっと強い。やはり、食べ物の匂いを嗅ぎたいという欲求そのものに、先天的な差異があるようである。

　そして、このノーズ・トレーニングのシートの使い方である。おやつを見つけたら（嗅ぎつけたら）どうするか？　イヌの手ではなかなか取れないので、工夫が必要なのだが、どうしようかと考える子もいれば、えいや、とシート自体を引き裂いてしまう子もいるらしい。

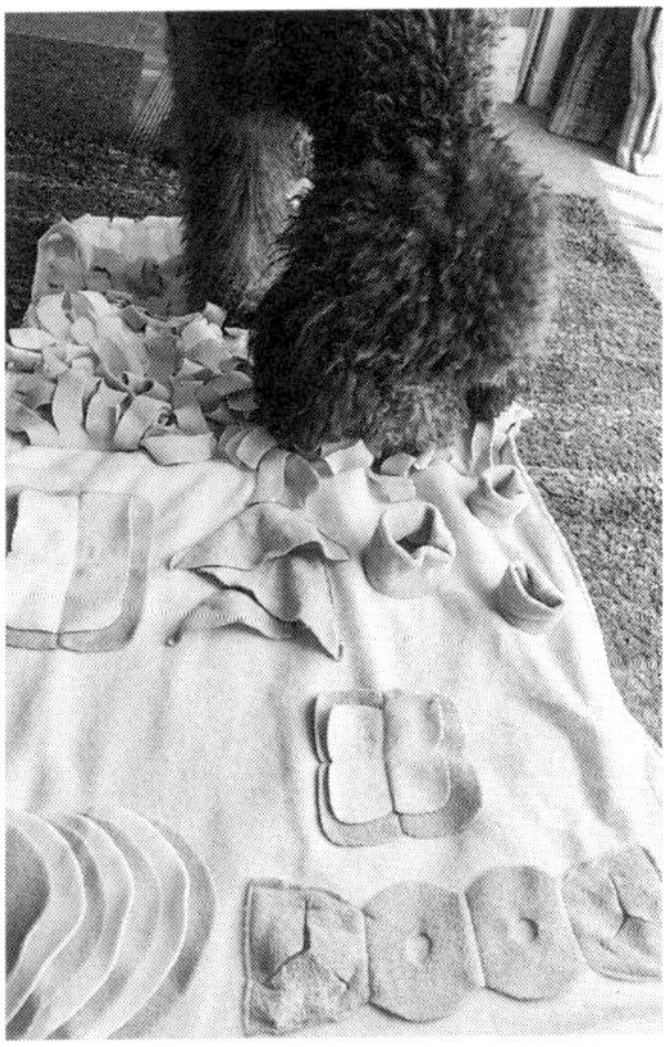

ノーズ・トレーニング

　こういう解決法をこそ、「ゴルディアスの結び目」というのだろうと思う。古代地中海世界のフリギアという国で、ゴルディアスが複雑な結び目を作った。それは誰にもほどけない。ところが、アレキサンダー大王がやってきて、剣で一刀両断したという。シートの中にあるいくつものポケットに入れられたおやつをどうやって取るか？　それを、全体を引き裂くことで解決するというのは、まさにゴルディアスの結び目に対するアレキサンダー的解決のように思うのだ。幸いなことに、うちのワンコたちはそうしていないが。

　こうして嗅覚についての考察を重ねた結果、嗅覚に対する興味は倍増し、何でもクンクン嗅いでみたくなった。でも、ヒトの社会では、鼻をヒクヒクさせるのは礼儀に反する。エスニック料理などのニンニクの臭いに言及したり、特定の人々の体臭に言及したりするのは、礼儀に反するだけでなく、政治的・社会的に不適切なことだ。ヒトにとって嗅覚はあまり重要な感覚ではない、ということを表明することで私たちの文化は成り立っているらしい。イヌはそれをどう感じているだろうか？　そんなこと、関係ないよね。

第2章　見る、聞く、味わう

イヌの視覚

では、イヌはどれほど眼がよいのだろう？　嗅覚の話はよく出てくるが、視覚についてはあまり知られていない。最近の総説論文によると、本当に、イヌの視覚についてはあまり知られていないらしい。それでも、知られている範囲で見てみよう。

哺乳類の網膜には、桿体《かんたい》細胞と錐体《すいたい》細胞という二種類がある。桿体細胞は明るさの違いに反応し、錐体細胞は色の違いに反応する。イヌは、網膜全体に対する桿体細胞の数がヒトよりもずっと多いので、薄暗いところでの物体の視覚的認知に優れていると言える。ヒトにとっては真っ暗な中でも、ヒトよりずっとよく物が見えているようだ。

非常に強い光を当てられると、眼が眩んでしばらくは物が見えなくなる、というのはヒトでもよく起こることだ。イヌも同様だが、回復するまでにかかる時間は、イヌの方が長いらしい。だから、夏の昼間など、太陽がギラギラしているところでのお散歩から帰った直後は、イヌは、人間よりも視覚の回復に時間がかかると思った方がよい。かわいそうに、眩しかったのね。

二つの物体が異なるということをどれほど遠くから判別できるか？　これもヒトとイヌには違いがある。きちんとした研究はまだないらしいのだが、二〇世紀半ばごろの古い研究によると、ヒトが二二・五メートル離れたところで区別できる物を、イヌは六メートルでなければ区別できないらしい。解像度も、ヒトよりかなり劣るということだろうか。

さて、私たちの経験的な逸話によると、イヌはもっとよく物が見えているという気がする。キクマルの友達だったアイリッシュ・セッターのルビーとアンバーは、代々木公園で、いつもおやつをくれる人を見ると、二〇〇メートルも離れたところからダッシュしてその人に駆け寄った。夫がキクマルをお散歩に連れて出ているところに私が帰ってくると、確かにキクは二〇〇メートルぐらいの遠くから私に駆け寄ってくる。コギクもそうだ。しかし、これは、厳密な意味での、異なる二つの物体の判別とは異なるのだろう。

一方、私たちの友人によるこんな話もある。夫が東大教養学部の学部長だった頃、キクは学部長室にいることが多かった。ある日、友人と夫が一緒にソファに座っていて、そこにキクが駆け寄ってきたところ、まず友人の膝に手をかけようとして、「うむ?」と言うように途中で止め、すぐに夫の方に向いたことがあったそうだ。友人も夫も、「キク、間違えたね」と思ったという。二人は近接して座っていたので、嗅覚を頼りにすれば同じ方向だったのだろう。そこで、視覚はあまり頼りにならなかったということか。

色覚に関して言うと、そもそも色覚にかかわる錐体細胞が少ない。どの波長の光に反応する細胞があるのかを見ると、イヌは、ヒトのような三色型ではなくて二色型だ。だから、ヒトと同じように色が見えることはない。ところが、イヌは紫外線が見えるかもしれないことを示す実験結果がある。だとすると、イヌがどんな色で世界を見ているのかは、ヒトには想像がつかないことになる。これも、まだ研究が進んでいない領域であるらしい。

いずれにせよ、嗅覚が非常に発達しているイヌと、ほとんど視覚に頼って暮らしている霊長類である私たちヒトとでは、世界の認識は大きく異なるのだろう。そして、イヌの視覚についてまだまだわかっていないことが多いというのだから、私たちの視覚の感覚でイヌを判断してはいけないということだ。

イヌの聴覚と耳の形

イヌはとても耳がよい。うちはマンションの三階なのだが、私や夫が帰ってくると、足音やエレベーターの音でわかるらしく、こちらが鍵を開けるころには玄関で待機している。伊豆の別荘でも、外の道路を誰かが通ると、私たちは何も気づかないのに、すぐにワンワンと吠えながら窓辺に走り寄っていく。

イヌが聞くことのできる音の領域、つまり可聴域は、六五ヘルツから五万ヘルツほどであるらしい。ヒトの可聴域は、一六ヘルツから二万ヘルツ。超音波とは、ヒトに聞こえないから超音波なので、二万ヘルツ以上の振動数帯域とされる。ということは、イヌはヒトには聞こえない超音波も聞こえるということだ。

だから、犬笛というのがあるのだ。私は使ったことがないのでよくわからないのだが、ヒトにかろうじて聞こえるほどの高音から超音波まで出せる笛だ。これを使って、イヌにいろいろな訓練をするのである。

発明したのは、フランシス・ゴールトンだということなので、これは調べてみなくてはいけない。ゴールトンは、チャールズ・ダーウィンのいとこで、生物のからだのさまざまな計測を行なってそれを統計処理することや、知能・認知能力の個人差などについて研究した。今で言うところの生物統計学の元祖の一人でもある。しかし、人種差別的な考えの持ち主で、私としては好きになれない。もしも、私がゴールトンに会ったとしたら、私が東洋人で女性なので、絶対に見向きもされなかっただろうと確信を持って言えるような人物なのだ。それでも、どうして彼が犬笛を発明したのかは興味があるので、調べてみよう。

イヌの聴力の話に戻ると、イヌは可聴域がヒトよりも広いばかりでなく、音の定位もヒトより細かくできる。ヒトは、音がどの方向からきているのか、だいたい一六方位に分割して知覚できるのだが、イヌは三二方位まで分割できるらしい。キクマルもコギクも、耳の根元のところからクイクイと動かして聞き耳を立てる。あの動作が、ヒトよりも細かい音の定位を可能にしているのだろう。

ヒトの耳介は何と言っても小さいのだ。うちのイヌたちの耳そうじをしていると思うのだが、イヌは耳道も太い。キクもコギクも、私よりも頭は小さいくせに、耳道は私よりも太くて大きい。そして、結構な量の毛が生えている。霊長類の耳道はこんな風ではない。私は、野生のニホンザルとチンパンジーの研究をしてきたが、彼らの耳そうじをしたことはないので、どんな耳道を持っているのかは、具体的には知らない。しかし、どうせ霊長類なのだから、私たちとそれほど違いはないだろう（と思う）。そして、霊長類はやはり視覚の動物なのだ。そこは、イヌたちとは大違いなのである。

チャールズ・ダーウィンは、『種の起源』の出版のあと、一八七一年に出版した『人間の由来』の中で、私たちの耳介について記述している。私たちヒトの耳介の外縁は、上部から後方が内側に浅く折れ曲がっている。その内側に回り込んだ縁を、手前から後ろに向かって触っていくと、斜め後方のところで、ほんの少しだが尖った突起のようなものがあるだろう。わかりますか？ ダーウィンは、そのことの重要性を考えた。

彼は、アカゲザルなどのサル類のからだの構造をよく知っていた。当然、耳の形も。サル類の耳はヒトの耳よりも薄くてペラペラしており、先が尖っていることが多い。そのようなサル類から人類が進化するにつれ、耳介が小さくなっていった。それは、私たち人類が大脳を発達させ、いろいろ別の能力を持つようになるにつれ、聴覚そのものの比重が減ってきたからだ。

そして、聴覚の重要性が縮小していく中で耳介もだんだん小さくなる。耳介が縮小していく過程で、クラゲが縮んで丸まっていくように、耳介の縁が内側に折れ曲がった。そうなったとき、サル時代に尖っていた先端の名残が、今私たちの耳介の内側にある、ほんの小さな突起なのである、と。

うーん、結構な考察である。人類が霊長類の祖先から進化

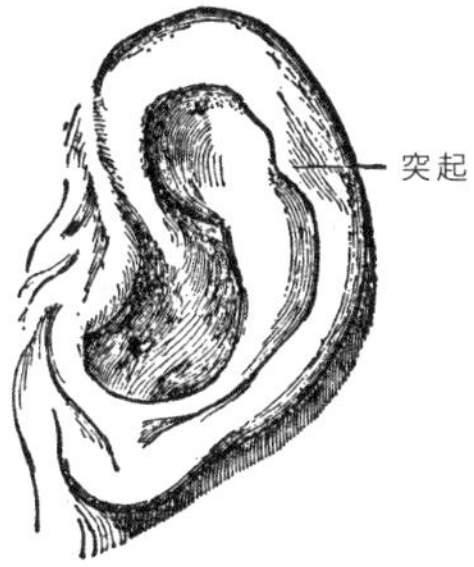

チャールズ・ダーウィン
『人間の由来』より

したということが、一般にはまったく理解されていなかった時代だ。こんな、いわば些細な形質について、ここまで思い巡らせて論じることが必要だったし、逆に言えば、そんな余裕もあった。今、こんなことを真面目に考える時間のある進化生物学者はほとんどいない。なんでもゲノムを調べることばかりが注目されているので、大きな形態的違いの意味を考えることはできにくい時代である。そのかわり、私たちは、ダーウィンの時代とは比べものにならないほど多く、遺伝子に関する知識を持っている。これが本当に「進歩」と言えるのかどうか、私にはよくわからない。

ところで、イヌたちの耳の動かし方には、音を聞くということ以上の何かがある。興奮すると耳を前に倒す。私とおもちゃの取りっこをするときや、彼らどうしでワンプロ（注：ワンコプロレス、飼い主用語）するときなどの耳の表情は独特だ。あれは、私たち霊長類とはまったく違う感情表現だと思う。このことについても、いずれ、もっと詳しく調べてみたい。

イヌの味覚、ヒトの味覚

味覚はどうだろう？　これについては、私もあまり多くは知らない。が、私たちがいろいろな味の違いを感じて区別できるのに比べると、イヌはまったくダメなようだ。

味覚は、舌にある味蕾《みらい》という細胞で感じる。舌を鏡で見てみると、舌の表面には小さなぶつぶつがたくさんあるのが見える。これらは乳頭と呼ばれる組織で、そこに、味を感じる受容細胞である味蕾が乗っかっている。すべての乳頭が味蕾を備えているわけではないのだが、ヒトの舌にはおよそ九〇〇〇個の味蕾があるそうだ。

味の基本は、「甘い」「塩辛い」「酸っぱい」「苦い」、そして「旨味」である。「旨味」とは、おもにグルタミン酸やアスパラギン酸など、タンパク質を構成するアミノ酸の「味」だ。和食の出汁やフランス料理のブイヨンの味である。これら、基本の味を九〇〇〇個の味蕾で感じとり、その信号を脳に送る。「甘い」は、お母さんのミルクの味、エネルギー源と結びついているので心地よい。「塩辛い」は、筋肉などを働かせるために必須であるナトリウムと結びついているので心地よい。それらは、遺伝的に快と感じられるようにできている。

しかし、「酸っぱい」と「苦い」は、あまり心地よくない。「酸っぱい」のは、食べ物が腐ったときの信号でもあるし、「苦い」のは、植物性の食物がまだ熟れていないときと関連している。これらの味が、「甘い」と「塩辛い」のように、はなから心地よいものとプログラムされていないのは、そういう理由による。ところが、すべての酸っぱさと苦さが、生存に悪い影響をもたらすものであるとは限らない。オレンジの酸っぱさは心地よいし、ある種の苦味も美味しいものだ。だから、これらは学習によって形成されねばならない。

子どもは、概して野菜が嫌いである。とくに、セロリ、ピーマン、ゴーヤ、春菊など、ちょっと苦味が入っている野菜は嫌われる。それは、「苦味」という味が、必ずしも栄養やエネルギーと関連しているわけではなく、逆に、食物としてふさわしくないという信号でもあるから、「苦味」が美味しいという風には、進化で作られることがないからだ。そう思えば、レタスもキャベツも、「甘い」や「塩辛い」の心地よさからは程遠い。こういった食物の美味しさは、学習によって形成されるものなのだ。

それでイヌはと言うと、イヌの舌にある味蕾の数は一七〇〇個ぐらいだと言われている。ヒトの九〇〇〇個に比べるとすごく少ない。しかし、彼らは私たちのような雑食の霊長目ではなく、もっぱら獲物を狩って食べていた食肉目なのだ。雑食ならば、危険な物の感知も含めて、いろいろな物の味を感じなくてはならないだろう。しかし、基本的に他の動物の肉しか食べないとなれば、それほど多くの種類の味を区別する必要はないに違いない。

イヌの一七〇〇個の味蕾は、とくにいろいろなアミノ酸の旨味を感じるようにできているらしい。肉の中に含まれているアミノ酸の味を感じるためだ。しかし、「旨味」は「甘み」に通じるところもある。だから、イヌたちは甘い物が好きなのかもしれない。うちのイヌたちは、カステラ、生クリーム、カスタード、(イヌにはとくに有害と言われる)チョコレートなど、甘いお菓子が好きである。

ヒトが食べる甘いお菓子は、イヌにとってはからだに悪いので、ヒトのお菓子を与えてはいけないと言われている。だから、どんなにねだられても滅多にあげないのだが（その点、夫はかなり「甘い」けれど）、そもそもどうしてイヌが、からだに悪い甘いお菓子を欲しがるのだろう？　それは、ヒトが食べる甘いお菓子に含まれているアミノ酸の甘みなのではないだろうか？　だから、現代のヒトの生活の中で一緒に暮らしているのでなければ、こんな誘惑に会うこともなかったのであろう。かわいそうにね。

しかし、イヌは、ヒトに飼われて家畜化される過程で、ヒトの食事のお余りを食べて暮らすようになった。そのお余りの多くは、ヒトが食べるデンプンの食事である。そこで、イヌは家畜化の過程で、デンプンを消化するための酵素であるアミラーゼの活性化を倍増した。ということは、イヌは、デンプンの味もわかるということだ。だから、アミノ酸とは別に、甘いお菓子も好きなのに違いない。キクマルがあるとき、私たちが留守の間に、一二個入りのお餅のパッ

パネットーネの甘い香りに興味津々のコギクとマギー

クを破って一〇個食べてしまったことは、第1章に書いた。食べ物をめぐる困った話はいくつもあるが、それらは結局のところ、イヌという動物の味覚の進化に関係しているのである。余談だが、キクマルもコギクも、あんこが大好きで、私たちが大福など食べていると、必ずおねだりに来る。ああ、困ったもんです。

世界と物体の感覚

先にも述べたように、私たち霊長類は、世界を視覚中心にとらえている。私たちは、物体を視覚で感知される輪郭線で区別して、これは一つの物だと理解している。あまりにも当たり前のことだと思われるかもしれないが、こんなことが明らかになったのは、二〇世紀も終わり頃になってからなのだ。

赤ちゃんは、まだ言葉を話さないので、世界をどのように認識しているのかを実験的に示すのは難しかった。それが、二〇世紀の終わり頃から、認知発達科学の中でいくつかの進展があり、ある程度はわかるようになったのである。その一つは、赤ちゃんが目の前の何を見ているのか、何に注目しているのか、赤ちゃんの視線を追う装置、アイトラッカーが開発されたことだ。もう一つは、赤ちゃんが驚くと目を見張ってじっと注視する、という行動を指標にして、赤ちゃんが何を期待していたかを探る手法である。

おとなもそうだが、次にこうなるだろうと予測していた通りに物事が進むと、それは当たり前のことなので、とくにそれを注視することはないが、予測と違っていると「あれ？」とそこに注意が向く。これは赤ちゃんも同じである。そこで、赤ちゃんにいろいろな画像を見せて、赤ちゃんがそれをどのように注視しているかを調べる。どこかの時点で、赤ちゃんが「うぬ？」と目を見張って注視したら、それは、赤ちゃんが期待していなかった事態であると推測される。これを逆手にとって、では、赤ちゃんは何が当たり前に起こると期待していたのかがわかる、という実験方法である。これを、アイトラッカーを使って行なう。こうすれば、言葉を話せない赤ちゃんが世界をどうとらえているか、その一端がわかるだろう。

こうしていくつもの実験が行なわれた結果、ヒトの赤ちゃんは、物体というものを、一つの閉じた輪郭線で認識していることがわかった（Wynn, 1992）。その物体が実際に何であるのか、アヒルなのかトラックなのかというような話は、その次なのである。まずは、閉じた輪郭線で囲まれたものを一つの物体として認識する、それが第一なのだ。と言うのは、アヒルのおもちゃが動いてスクリーンの後ろに隠れ、やがてスクリーンの後ろから出てきたのがトラックであっても、赤ちゃんは驚かないのだ！

ところが、一つのスクリーンの後ろに一羽のアヒルが出入りし、もう一つ別に離れて並んでいるスクリーンの後ろをもう一羽のアヒルが出入りする。そのあとで、この二つのスクリーンがともに上げられたところ、後ろにはアヒルは一羽しかいなかったということになると、赤ちゃんは驚くのである！　輪郭線に囲まれたものとその軌跡が二つあったのに、物が一つしかないのはおかしい、ということだ。

イヌもこのようにして、輪郭線とその軌跡で物体を認識しているのだろうか？　私は、うちのイヌたちとの経験から、そうではないのではないかと疑っている。先の実験で明らかになったような、輪郭線で物体を把握するというのは、霊長類全般に当てはまるようだ。サルは視覚の動物であり、基本的に私たちヒトと同じなのだろう。

しかし、イヌは、これまで見てきたように、いろいろな点で私たちとは異なる世界の把握をしている。私の足を踏んで立っていても、一向に何とも思わないとか、彼らが寝るときにお気に入りのお布団の輪郭からまったく外れて頭を投げ出して寝ていても平気であるとか、彼らの物体の認識がどうなっているのか、疑問に思うことがたくさんあるのである。

今のところ、イヌの世界認識に関して、アイトラッカーと驚きの注視を使用した研究があるのかどうか、私は知らない。イヌはサルとは顔の作りも違うから、アイトラッカーで視線を追うにも、別仕様を作らねばならないに違いない。これからも、イヌの認知の研究には注目していきたいと思う。

「コウモリが世界をどう認識しているかは、コウモリになってみなければわからない」と言ったのは、哲学者のネーゲルだった。それはそうなのだろうが、私たちがコウモリになることはできないのだから、この言葉を額面どおりに受け取れば、他の動物の世界の認識は、私たちには永遠に理解できないことになる。でも、それでは何だかつまらない。そこを何とか、彼らの世界に迫る方法を発明し、想像力を働かせ、少しでも世界の理解が共有できるようにしたいと切に願う次第である。

凍った池の上のボールを
不思議そうに見つめるキクマル

Ⅱ　イヌとヒトの来た道

第3章　イヌはどこから来たのか

犬種のさまざま

イヌはオオカミである。と言うのは、生物の種として見たとき、イヌとオオカミは別種には分類されず、亜種レベルの違いでしかないからだ。タイリクオオカミの学名は *Canis lupus* で、イヌ（イエイヌ）の学名は、*Canis lupus familiaris* である。

イヌ科の動物には、オオカミのほかに、ジャッカル、コヨーテ、ディンゴなどがいる。かつては、これらのどれかがイヌの祖先だと考えられていた。また、イヌの祖先には複数の種が

（左上）オオカミ、（右上）ジャッカル、（左下）コヨーテ、（右下）ディンゴ

あったという説もあった。が、遺伝子の大規模な研究の結果、そうではなくて、すべてのイヌの祖先はタイリクオオカミ一種であることがわかった。

イヌには実にさまざまな品種がある。街を歩いていると、大きさも形もさまざまなイヌに出会う。日本では、日本に固有の柴犬も多いが、トイ・プードル、シーズー、フレンチブルドッグ、ダックスフント、ミニチュア・シュナウザーなどなど、概して小型犬が多い。でも、ラブラドール・レトリーバー、ゴールデン・レトリーバーなど、大型犬もいる。我が家のイヌたちが毎朝通っている代々木公園にも、実にさまざまなイヌがやってくる。

どんなイヌを見ても、みな「イヌ」だとはわかるのだが、犬種ごとの違いは大きい。中でも

キクマルの大きさ

小型犬から大型犬まで、大きさがすごく違う。小型犬の代表のチワワの体重は、一・五〜三キロぐらいだそうだが、大型犬のロットワイラーは五〇キロ、セントバーナードやイングリッシュ・マスチフに至っては一〇〇キロまでにもなるという。うちのスタンダード・プードルのキクマルは、最盛期で二五・五キロだった。現在六歳のコギクは、二五・九キロだから、先のような超大型犬の半分から四分の一ということか。大型と小型の違いはとても大きく、公園のドッグランも、大型犬用と小型犬用に分かれている。やはり、一緒に走って遊ぶのは無理なほど違うのだ。

この大きさの違いは、イヌという対象を飼い主がどう認識しているかに、重大な影響を及ぼす。小型犬の飼い主は、イヌとは自分たちの足もとで動いている小さな生き物だと思っているのだろう。しかし、私は、自分が立ったままで手を頭におけるぐらいの動物がイヌだという認識なのだ。あまり小さいと、イヌだという気がしない。

そして、イヌの顔つき、風貌も実にさまざまである。鼻づらのとんがった子、鼻ぺちゃの子、足の長い子、短い子。耳の立った子、垂れ耳の子。そこで、イヌのシルエットは千差万別となる。そこが、ネコとは大違いなのだ。

もちろん、ネコにも品種がさまざまある。ほっそりした短毛のシャムネコと、ふわふわした長毛のペルシャネコのシルエットは違う。それでも、ネコはやっぱりネコなのだ。それが、置物や飾り物、ブローチなどの装飾品その他、造形的なイメージで選ぶ物に対する、イヌとネコの違いに現われているのではないかと思う。ネコのそういったイメージは、自分の飼っているネコが何ネコであれ、「ネコ」のイメージで選べるのだが、イヌは違う。私のイヌはスタンダード・プードルなので、チワワや柴犬の置物やブローチは、それがどんなに可愛いデザインであっても、私の物として選べないのである。

プードルの場合、たいていのそういう飾り物のシルエットは、トイ・プードルである。それはそれで可愛いのだが、私は欲しいと思わない。まさにスタンダード・プードルのシルエットの物があったときには、本当に嬉しくなってしまう。

イヌの家畜化の起源

さて、こんなにもたくさんあるイヌの品種のほとんどは、一九世紀以降のヨーロッパで産出された。一九世紀の半ばに、犬種の育種クラブが作られ、犬種ごとの標準が定められ、それぞれの純血種を育成するために、繁殖隔離が行われるようになったのである。ある犬種に属するイヌだという、いわゆる血統書を得るには、母親も父親も両方が、その犬種に属するというお墨付きが必要になった。こうして今では、四〇〇以上もの犬種がいて、それぞれの純血種に固有の遺伝子が、比較的よく保たれている。

ダックスフントの長い胴と短い足、コーギーの短い足、ブルドッグの短い鼻づらなどなど、特定の犬種に固有の形態を作り出し、それらを維持するためには、ずいぶんと厳格な繁殖管理がなされてきた。その結果、それぞれの犬種ごとに特有な、またはある犬種にだけ頻度が高く出現するような、遺伝的疾患が三五〇以上も知られている。いろいろなタイプのガン、心臓病、てんかん発作、視力の異常など、どの犬種も、その純血タイプを維持するために、いわば無理をしてきた「ツケ」を背負っているのである。

最近の遺伝子の研究（Parker et al. 2004）によると、おもにヨーロッパで産出されてきた犬種はみな、一つの祖先に行き着くようだ。それらと少し違うのが、サルーキとアフガンハウンドである。その次に違うのが、シベリアンハスキーとアラスカンマラミュート、その次がバセンジー、そしてさらに違うのが、チャウチャウ、秋田犬、柴犬と中国のシャー・ペイなのである。

この結果は、イヌの祖先がオオカミから分かれたあと、まず、中国や日本などの東アジアのイヌの系統と、それ以外の系統とが分かれたことを示している。そして、次にバセンジーに代

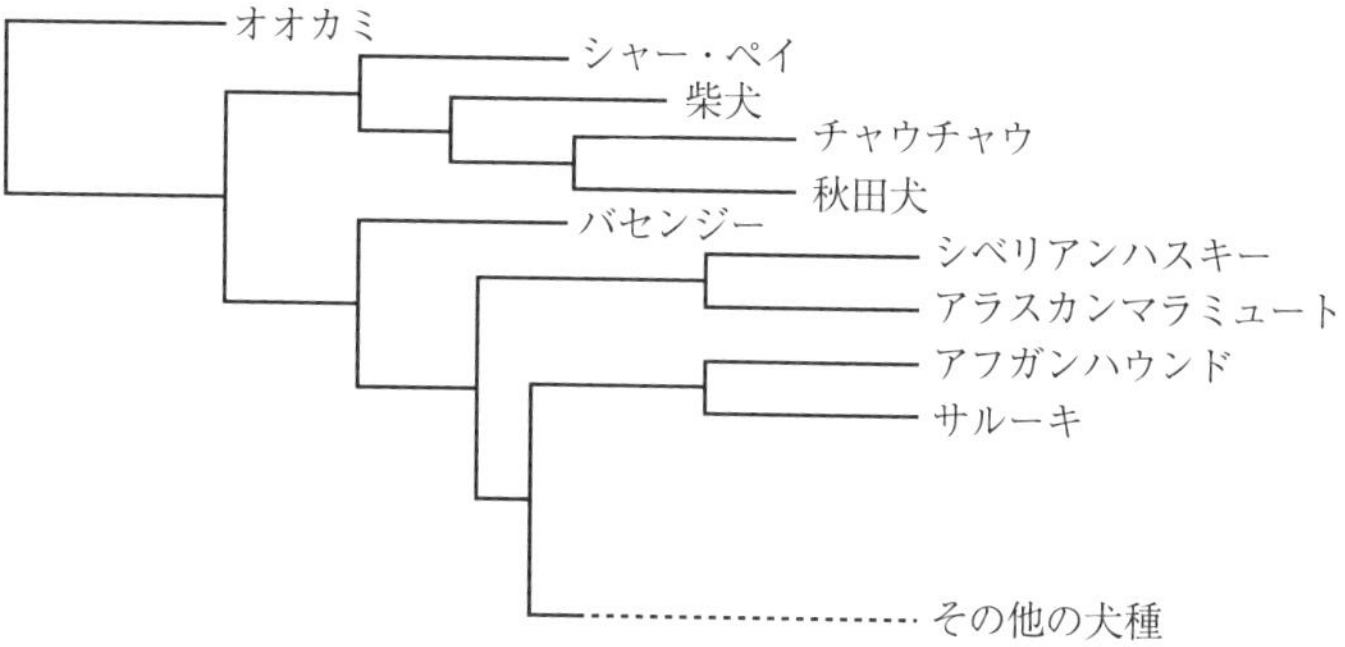

オオカミとイヌの系統樹
Parker, Heidi G. et al. (2004) Genetic structure of the purebred domestic dog. *Science* 304: 1160-1164 より作成

（左上）シャー・ペイ、（右上）秋田犬、（左下）バセンジー、（右下）サルーキ

表されるアフリカの系統が分かれた。そして、シベリア、アラスカ系が分かれ、中東系がヨーロッパ系と分かれ、今に至る、ということになる。

しかし、このおおもとの、オオカミからイヌになる初めのところはどういう関係だったのだろうか？　そもそも、いつからイヌになったのだろう？　このあたりは、まだまだ謎が多いようだ。

家畜化したイヌだということがはっきり認められている最古の骨は、ドイツのボン＝オーバーカッセル遺跡から出土したものだ。一万四七〇〇年前という年代推定である。イヌだと主張されている、もっと古い骨は、中近東やシベリアからも出ているのだが、オオカミとの形態的な区別がそれほど明瞭ではないので、イヌだとは認められていない。だから、ドイツの骨が、今のところ最古のイヌの化石である。

最近は、数万年くらい前までの化石で、保存状態がよいものであれば、化石からＤＮＡを抽出して配列を調べることができるようになった。古代ＤＮＡの研究である。そのような技術を駆使して、およそ七〇〇〇年前や、およそ四七〇〇年前のイヌの骨などからＤＮＡを抽出し、現代の世界中のいろいろな犬種と比較した研究（Botigué et al. 2017）がある。

この研究は、これまでに行われたイヌの起源をめぐる研究の中では、もっとも精密で網羅的なものだろう。それによると、世界のイヌは、大きく五つのグループに分けられる。東南アジア、インド、中東、アフリカ、そしてヨーロッパだ。この結果は、先に紹介した研究とよく合致しているので、おそらくこれは正しいのだろう。

こうして見ると、柴犬や秋田犬、チャウチャウなどは、ヨーロッパ系の犬種とはかなり遠いことがわかる。縄文犬というのも知られているが、ずっと以前からの東アジアの犬種に違いない。

およそ七〇〇〇年前のドイツの化石（HXH）、およそ五〇〇〇年前のアイルランドの化石（NGD）、そして、およそ四七〇〇年前のドイツの化石（CTC）のDNAを比較したところ、HXHとNGDは、ヨーロッパ系のイヌのクラスターの中に入った。しかし、CTCには、アフガニスタン系の要素とオオカミの要素が少し含まれていた。そして、HXHもCTCも、現在まで続くヨーロッパ系のイヌたちと多くの遺伝子を共有していた。

これらをまとめると、七〇〇〇年前の初期新石器時代のヨーロッパにはすでに、今のヨーロッパ系のイヌの祖先系統と思われるイヌがいた。しかし、四七〇〇年前、つまり、新石器時代も後の方になって、中東・東南アジア系のイヌが入ってきて交雑した。このころのヨーロッパには、東の方から、縄目状模様の土器を持つ文化のヤムナヤ人と呼ばれる人々が入ってきていた。だから、その人たちが連れてきたイヌが、もともとヨーロッパにいたイヌと交雑したのだと考えられる。

では、イヌのそもそもの起源はどこなのか？ 今のところ、中近東、中央アジア、東アジアの三ヶ所が候補地としてあがっているが、この研究での結論は、東アジアが起源である。そして、オオカミから家畜化した年代は、およそ二万～四万年前。

サピエンスとネアンデルタールの興亡、そしてイヌ

直立して二本足で歩く「人類」という生物は、およそ六〇〇万年前にアフリカで進化し、その後もいろいろな種類が出てきた。その中で、およそ二〇〇万年前に、ホモ・エレクトスという種が出現し、初めてアフリカ大陸を出た。エレクトスが、アフリカのどこからどこを通って出ていったのかは定かでないが、ユーラシア大陸に広がった。北京の近くで発掘された北京原人や、ジャワ島で発掘されたジャワ原人などが、エレクトスだ。彼らは、最終的に全部が絶滅してしまった。

その他にも謎のデニソワ人という集団もいたらしい。小指の骨が一本しか残っていないが、そのDNAを調べたところ、現代のホモ・サピエンスの遺伝子にも、その痕跡が残っている。しかし、彼らも今はいない。

ユーラシア大陸に広がったエレクトスのうち、ドイツあたりで暮らしていた一部の集団に、

ホモ・ハイデルベルゲンシスと呼ばれるものがある。五〇万～六〇万年ほど前の集団だ。その一部から、ネアンデルタール人が進化してきたらしい。と言っても、出自の詳しいことはよくわからないのだが、ネアンデルタール人は、四〇万年ほど前から中近東やヨーロッパに広がっていた。

さて、私たち自身であるホモ・サピエンスは、およそ三〇万年前にアフリカで進化した。そして、およそ七万年前から再びアフリカを出て、世界中に拡散したのである。そこで、中近東からヨーロッパに進出していったサピエンスは、それ以前からそこらに住んでいたネアンデルタール人と出会ったことになる。そして、サピエンスとネアンデルタールは実際に交配した。だから、私たちホモ・サピエンスの遺伝子には、ネアンデルタールの遺伝子が今でも数パーセントは含まれているのである。

このネアンデルタール人たちは、およそ二万～四万年前の間に絶滅してしまった。ヨーロッパの気候が寒冷化する中、サピエンスはどんどんヨーロッパ中に生息地を拡大していくのだが、ネアンデルタール人は南の方に撤退して人口が減少し、ついにはジブラルタルのほとりで絶滅する。

この二種類の人類の運命を分けたのは、なんだったか？　なぜサピエンスは残り、ネアンデルタールは絶滅したのか？　いろいろな説があるが、その一つに、サピエンスはイヌを連れていたから、というのがある。確かに、イヌという助っ人がいるといないでは、厳しい狩猟採集生活がうまくいくかどうかは大違いだろう。イヌがいれば、人間にはわからない獲物の臭いを追い、小さな獲物をヤブから追い出したり、大きな獲物にかぶりついたりと、ずいぶん役に立ってくれるに違いない。イヌがサピエンスを救った、というのは、おもしろいシナリオではある。

イヌの家畜化の起源が二万〜四万年前。ネアンデルタール人の絶滅もそのころ。しかし、イヌの起源が東アジアの方だとすると、それがヨーロッパまで行くのにどれくらい時間がかかるだろうか？　最古のイヌの化石は、先に紹介したドイツの一万四七〇〇年前の骨だ。それ以前からイヌはヨーロッパにいたに違いないので、二万年前にはもうサピエンスの一家の友だったかもしれない。そうなると、サピエンスの勝利にイヌが鍵だったかどうかは、ネアンデルタール人がいつ絶滅したのか、その時期が問題だ。四万年前というかなり古い時代だとすると、イヌの出る幕はない。二万年前に近いほど可能性が高くなるということか。

ネアンデルタール人がいなくなったことに関係するかどうかはともかく、イヌはずっとサピエンスの友だった。二万〜四万年前の東アジアで、どんなことがきっかけで家畜化がなされたのだろう？　「そんなことはどうでもいい」というような顔をして、当然という態度で、うちのイヌたちはソファの上で眠りこけているが。

イヌを小型化した遺伝子

それにしても、大型犬と小型犬の大きさの違いは大変に大きい。同じ種の中で、一・五キロから一〇〇キロまでの体重の差というのは、全脊椎動物の中で最大であるそうだ。たとえば、クジラ目の中では、小さいのがイッカク（*Monodon monoceros*）のおよそ一トン、最大はシロナガスクジラ（*Balaenoptera musculus*）の一九〇トンだ。ずいぶん差異が大きいと見えるが、この二つは種が違うのである。しかし、イヌは、どれもみなイヌ（*Canis lupus familiaris*）で同一種なのだ。だから、これはすごいことである。

からだの大きさを決めるのは、おもに成長に関する遺伝子だ。中でもよく知られているのが、*IGF-1*という遺伝子である。この遺伝子が作るホルモン（タンパク質）は、インシュリン様成長因子1というもので、インシュリンに構造が似ているのでこの名前がある。ヒトの成長にも大きな役割を果たしており、よく研究されている。この遺伝子が作るタンパク質は、IGF-1と書く。イタリック（斜体）で書くと遺伝子、それが作るタンパク質はロマン（立体）で書く。イヌという一つの種内で、これほど大きさに差異があることにも、*IGF-1*の変異がかかわっているに違いないとは推察できる。

ところで、イヌの染色体の数は何本であるかご存知ですか？　私たちヒトの染色体は四六本。一番から二二番までの常染色体が一組ずつと、一組の性染色体だ。Xが二本あれば女性、XとYであれば男性である。イヌはなんと七八本。性染色体が一組なのは同じなので、常染色体が一番から三八番までもあるのだ。そして、イヌの *IGF-1* 遺伝子は、イヌの五番染色体の上に乗っている。

ここで紹介する論文（Sutter et al. 2007）は、サイエンス誌に掲載されたものだが、研究のプロセスがおもしろい。犬種によって大きさが異なることの原因遺伝子を突き止めようとするとき、まずはどこから始めるか？　著者らがまず目をつけたのは、ポーチュギーズ・ウォータードッグである。この犬種は、くりくりした毛で大変可愛らしい。バラク・オバマ氏がアメリカ大統領になったとき、このイヌを贈られてホワイト・ハウスで飼っていたので有名である。私も、このイヌはいつか飼ってみたいと密かに思っている。

それはさておき、この犬種は、アメリカの育種クラブに登録されている血統書付きの犬種の中で、もっとも体重差の幅が大きいのだそうだ。先述のように、育種クラブでは、犬種の繁殖が厳格に管理されているので、ポーチュギーズ・ウォータードッグと言えば、その集団の混じり気のない遺伝子が調べられるのである。

そこで、ポーチュギーズ・ウォータードッグの中でも小型の個体と大型の個体を集め、その遺伝的変異を調べてみた。そうしたところ、からだの大きさとよく相関している遺伝子として、*IGF-1*に関する変異が見つかったのだ。そして、それを、他の犬種についても調べてみた。そのSNPの変異とは、遺伝子全体の中の、ある特定の配列の中に一塩基だけが異なる変異で、SNP（single nucleotide polymorphism）とよばれるタイプの変異である。

ポーチュギーズ・ウォータードッグ

調べた小型犬は、チワワ、トイ・フォックステリア、ポメラニアン、ヨークシャーテリア、日本のチン、イタリアン・グレイハウンド、ペキニーズ、シーズー、キャバリア・キングチャールズ・スパニエル、ボーダーテリア、ミニチュア・シュナウザー、ボストンテリアだ。調べた大型犬は、ジャイアント・シュナウザー、秋田犬、バーニーズ、グレート・ピレニーズ、ブル・マスティフ、アイリッシュ・ウルフハウンド、セントバーナード、グレートデン、マスチフである。

小型のポーチュギーズ・ウォータードッグには、Bと名づけたSNPの変異型があった。そして、それが、ここで調べたすべての小型犬にも見つかった。しかし、大型犬のほとんどでは見られなかった。「ほとんど」というのは、例外があるからで、なぜだかわからないが、ジャイアント・シュナウザーとマスチフにはあったのだ。また、ロットワイラーにもあることがわかった。

さて、わがプードルにも、トイ・プードル、ミニチュア・プードル、そしてうちの子たちであるスタンダード・プードルがいて、この順でからだが大きくなる。このIGF-1の血清中の濃度を調べた研究によると、まさに、この順で濃度が高くなるのだ。やっとプードルが出てきて、親としては嬉しい。そして、小型犬が共通に持っている*IGF-1*のSNP変異であるBを持っているポーチュギーズ・ウォータードッグは、このタンパク質の血清中の濃度が低いというのだから、確かにこの変異が、からだの大きさを支配しているに違いない。

小型犬の起源

ところで、最初に述べたように、イヌの起源はオオカミである。それでは、この、イヌを小型化する遺伝子変異は、いつごろ、どこで生じたのだろうか？　今度は、ヨーロッパ、イスラエル、イラン、インド、アメリカなど、さまざまな地域に生息する現存のオオカミの集団で、*IGF-1*に関連する遺伝子変異を調べ、イヌと比較する研究（Gray et al. 2010）が行われた。

それによると、確かに、この関連の遺伝子では、小型犬と大型犬ははっきりと分かれる。そして、オオカミとも分かれる。けれども、この遺伝的変異の起源はここだ、とわかるような証拠は見つからなかった。現在の小型犬に普遍的に見られる遺伝的変異を共通に持つオオカミの集団はいなかったのだ。ということは、イヌを小型化する遺伝子の起源はかなり古く、イヌの家畜化のかなり初期に選択され、今や、イヌでもオオカミでもそこにある程度の違いが蓄積してしまっているということである。

さらに、変異の度合いの分布をよく見てみると、現在の小型犬が持つ変異ともっとも近いのは、イスラエル、イラン、インドのオオカミであり、中でも、イスラエルに生息するオオカミ集団だった。ここは、いわゆる「肥沃な三角地帯」である。コムギなどの穀物が最初に栽培され、ヤギなどの家畜が最初に家畜化されたと言われている場所だ。そのものずばりではないのだが、小型犬が持っている小型化遺伝子にもっとも近い遺伝子を持っているのがイスラエルのオオカミということである。イヌの家畜化の起源については、まだいろいろな議論があるが、オオカミを小さくしようという試みは、中東で始まったのかもしれない。そして、それは、かなり早い時期からなのだ。

考古学的な証拠というのを見てみよう。イヌ科には間違いないのだが、イヌかオオカミかの区別がつかない骨は、およそ四万年前から出土する。それを、家畜化されたイヌだ、と断定する基準の一つが、実は大きさなのだ。オオカミよりも確実に小さいとなったとき、「家畜化されたイヌだ」という証拠とされる。そうやって、イヌだ、いやオオカミだ、という論争のまとになるような化石は、一万五〇〇〇年ほど前からたくさん出土するが、それらには、最初から大きさの変異がかなり存在した。

たとえば、ロシア東部の一万四〇〇〇〜一万五〇〇〇年前の遺跡から出土したイヌの化石は、現在のグレートデンと同じくらいの大きさである。一方、中東やヨーロッパで一万〜一万二〇〇〇年前に出る化石のイヌは、現在の小型のテリアと同じくらいだ。小型化したイヌが最初に見られるのは、やはり中東なのかもしれない。

ところで、おもしろいのは秋田犬である。これは、遺伝子型の分布で見ると、確かに大型犬なのだが、中東のオオカミにも近い。日本のイヌは、オオカミに近縁なのだろう。それだけ古くに分かれ、他のヨーロッパなどの犬種とは系統が異なるということだ。柴犬も祖先がかなり古く、日本の天然記念物に指定されている。柴犬の飼い主さんたちは、果たして、うちの子が日本の天然記念物だと認識しておられるだろうか？　甲斐犬、四国犬、秋田犬、などなど、日本犬はちょっと系統が違うので興味深い。

オオカミのさまざまな集団とイヌとを比較したこの研究によると、この、イヌを小型化する遺伝子変異は非常に好まれたようで、その後、ここに強い選択圧がかかったようだ。遺伝子に、ある新しい変異が生じたとして、その変異を持った個体が、周囲の環境との関係で、生存と繁殖の上で大変に有利になると、強い自然選択が働く。また、自然環境との関係ではなく、人間がそのような変異を気に入ったのだとしたら、人間は、そのような変異を持った個体を選んで繁殖させる。その結果、強い人為選択が働くことになる。

イヌの場合、からだを小さくする*IGF-1*の変異に、大変強い人為選択がかかったらしい。何万年前だか定かではないが、この変異が生じた。その後、その変異が好まれて、それに対して非常に強い人為選択がかかり、集団中に急速に広まっていく。すると、たまたまその遺伝子の近傍にあった特定の遺伝子配列も同時にヒッチハイクして広まっていく。その結果はと言えば、その遺伝子の近傍にある配列で、集団内の多様性が急速に失われてしまう。つまり、みんな同じになってしまう。これを、選択的スウィープと言う。どうやら、イヌの*IGF-1*遺伝子の周辺では、こんなことが起こっているらしい。

オオカミとは違って、もっとおとなしく、もっと小さくて御しやすい個体を作ろうという人為選択が急速に働いたに違いない。そうしてイヌができた。それにしても、なぜ、そんな小型化遺伝子を持ちながら、体重が五〇キロにもなるようなロットワイラーがいるのだろう？　そこでは、この遺伝子はどのように制御されているのだろう？　昨今の遺伝子に関する研究には目を見張るものがある。しかし、わかったことと同時に、わからないことも同じペースで増えていくようだ。

うちの子たちの*IGF-1*のSNPがBタイプでないことは確かだ。こんなに大きいのだから。でも、体高六九センチだったキクマルよりもコギクは五センチ小さく、コギクよりもマギーはさらに五センチ小さいのだから、なんらかの変異が見つかるかもしれない。科学者としての親は、詳細な遺伝子検査をしてみたらおもしろいだろうと思うが、親としての親は、まあいいや、可愛いからいいやね、と腰をあげる気にはなれないでいる。

第4章　生物の進化と人為選択

進化とは何だろう

イヌの起源と進化の話をしてきたが、進化とは何だろうか？　もう一度振り返ってみよう。進化とは、生物が自己を複製し、世代を越えてつながっていく中で、個体の持っている遺伝子の情報が変わっていくことを指す。「世代を越えて」変化していくというところが重要だ。つまり、子どもから大人に成長したり、幼虫がサナギに変態したりといった、一個体の一生の間に起こるような出来事ではない。代替わりして初めて起こる現象だ。そして、ここが難しいところなのだが、進化は、生物を集団として見たときに初めて見えてくる現象なのである。自己複製するのは個体だし、遺伝子上の変化は個々の個体に起こることだ。しかし、ある一匹の個体がどう繁殖したか、その子どもたちがどうなったかということを、個体ベースだけで見ていたのでは、進化はわからないのである。

ここに、あるオオカミAがいるとしよう。この個体は、オオカミの遺伝子を持っている。この個体が五匹の子どもを産んだとしよう。その五匹それぞれの子どもは、親Aからオオカミの遺伝子を受け継ぐが、みなそっくり同じではない。遺伝子が複製されるときに突然変異が起こるからだ。突然変異は、遺伝子複製の際の読み間違いのようなものなので、目的も何もなく、ランダムに起こる。

さて、このオオカミAの子どもの中に、ある突然変異を持った個体Bがいたとしよう。その変異は、Bが生き延びて繁殖するのに有利な変化をもたらすものだったので、Bは長生きし、六匹の子どもを残した。その六匹の子どもたちの中の一匹に、今度は別の突然変異が生じた。その変異を持った個体をCとしよう。今度の変異は、生き延びて繁殖するという点においては、逆に不利な影響を及ぼすものだった。そういうわけで、個体Cは短命に終わり、結局一匹の子どもも残せなかった。でも、それでオオカミがおしまいになったわけではない。他のオオカミたちはどうなったのだろう？

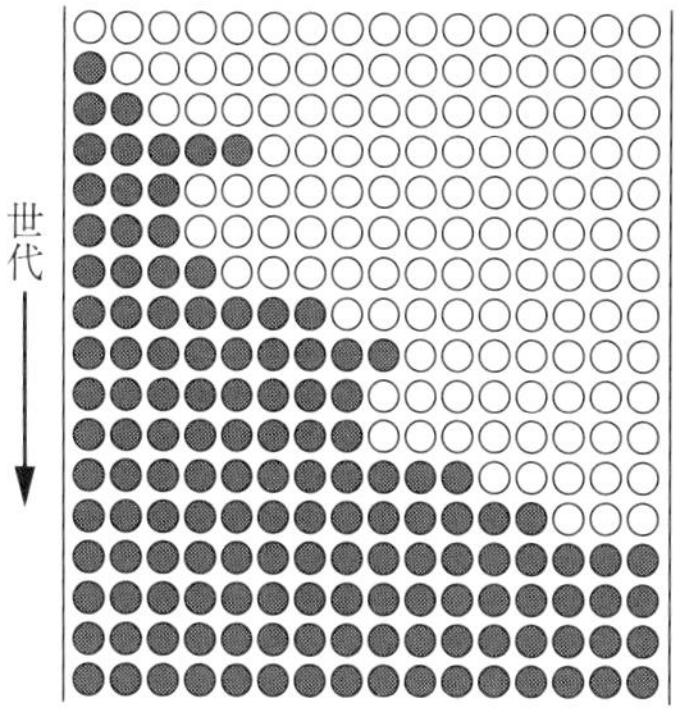

図a
Xを持った個体が集団中に広まる

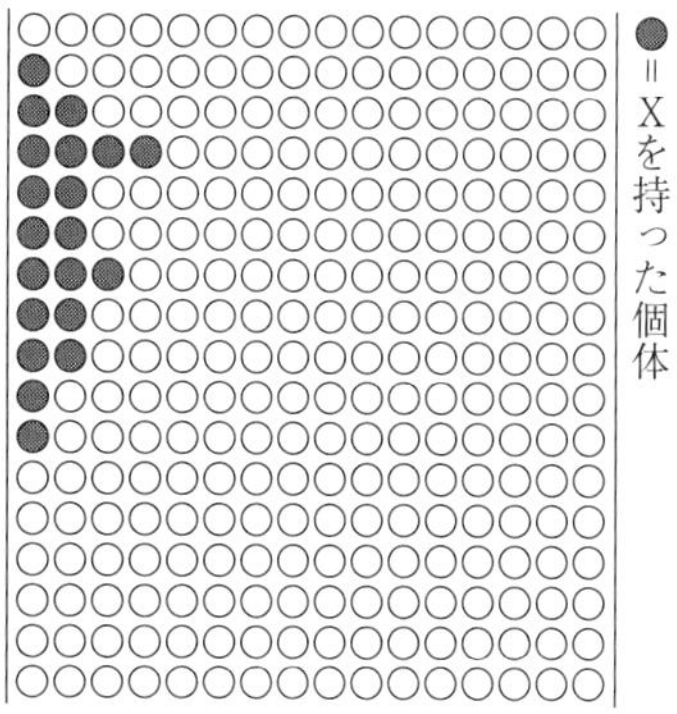

図b
Xを持った個体が集団中から消える

というように、個体だけを追跡していっても、いったい何が起こっているのかはわからない。調べるべきなのは、オオカミの集団全体に、世代を経て何が起こったのか、なのである。そこで今度は、ある地域に住んでいるオオカミの個体群全体を見ることにしよう。そこにはたくさんの個体が含まれている。その中で、ある個体にXという突然変異が生じた。この個体群が互いに繁殖して次世代の子どもを残していく間に、このXという変異はどうなるだろうか？

Xを持った個体が、世代を経るにつれてだんだんに集団中に広まっていく、という事態も起き得る。その結果、最終的に、この個体群の全員がXの持ち主になることもある（図a）。一方、集団中に広まることはなく、結局のところ消えてしまうこともある（図b）。

どうしてこのような変化が起きるのかには、二通りのシナリオがある。一つは、自然選択だ。これは、Xという変異の作り出す効果が、その持ち主の個体に与える影響がはっきりしている場合で、生存と繁殖の上で有利に働くものだったときには、図aのように、その変異を持った個体の複製の確率が、他の変異を持った個体よりも相対的に高くなる。こうして、世代を経るごとに集団中の頻度が増えていく。これが正の自然選択。逆に、生存と繁殖上不利だった場合には、図bのように消えていく。これが負の自然選択。

正の自然選択によって、ある環境のもとで生存と繁殖に有利な性質が集団中に広まっていくことを、適応進化と呼ぶ。負の自然選択は、純化選択と呼ばれることもある。ランダムに起きる突然変異の多くは、生存と繁殖に不利になる影響を与えるので、それらは純化選択で取り除かれていく。

一方、生存と繁殖に対して、そんな効果など何もなくても、その変異が集団中に増えていったり、消えてしまったりすることもある。それは、サイコロを振ってどの目が出るかを見ると、たまには1ばかり続けて出ることもあるように、単なる偶然の仕業だ。そんなことは、問題としている集団のサイズが小さいときには、よく起こる。小さい集団の中で、たまたまあるどうでもよい変異を持っている個体が、たまたまたくさんの子どもを残せば、すぐにその変異が集団中に広まる。そうすると、まるでこの変異が何か有利なことをもたらすから増えていったのかと思わせるが、そうではない。単なる偶然である。

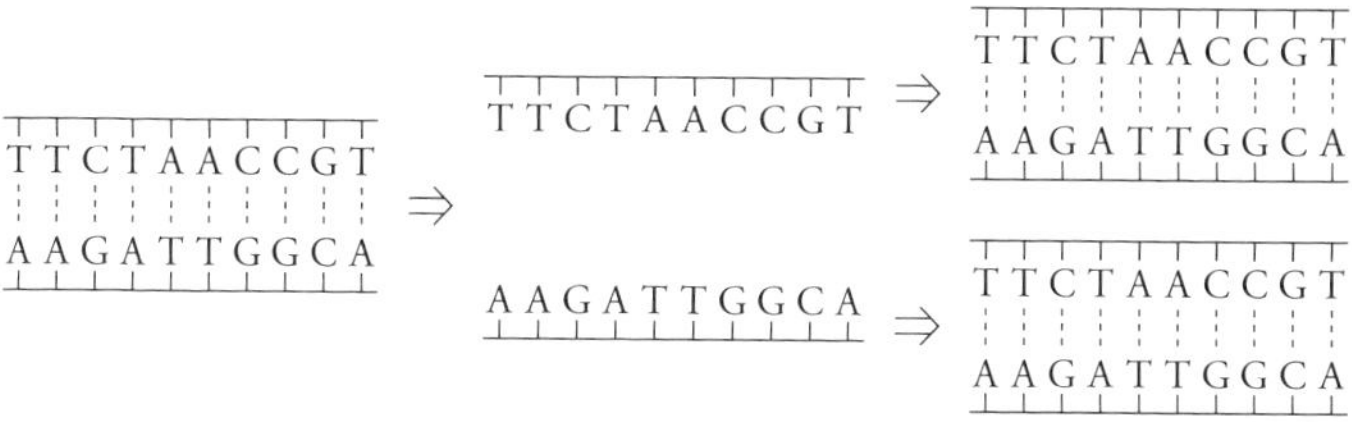

DNAの複製

逆に、ある変異を持った個体が、たまたま運が悪くて子どもを残さなかったとしたら、それはすぐに消えてしまう。それは何か悪い影響があって純化選択が働いたからかと思いきや、そんなことはない。これも単なる偶然の結果である。このような過程を中立進化と呼ぶ。

遺伝子の仕組みと働き

高校の生物でも教えられているが、親から子へと伝えられる遺伝情報は、DNAという二重らせん構造をした分子の中に蓄えられている。二重らせん構造は、二本の鎖の間がいくつもの線で繋がった梯子《はしご》のようなものが、ぐるぐるとねじ曲げられた構造である。二本の鎖を繋いでいる梯子の桟に当たるものが、四種類の塩基だ。アデニン（A）、グアニン（G）、シトシン（C）、チミン（T）の四種類で、AはTと、GはCと結びつくことになっている。

複製が起こるときには、このねじれがほどけ、塩基どうしの結合が取れて、一本ずつになる。そこに先ほどの、AはTと、GはCとしか結びつかないという性質が働けば、一本になったそれぞれの鎖の半分になった桟に、それぞれ相手の塩基がつくことで、同じものが二本できるわけだ。

では、情報はどう書かれているのかというと、それは鎖の上に横に並んだA、G、C、Tの並びである。これが三文字一組で一つのアミノ酸を指定するというのも、高校生物レベルの知識だ。たとえば、AAAだった情報が複製されるときに、AACになってしまったとしよう。すると、作られるアミノ酸がリジンからアスパラギンに変化し、その結果タンパク質が変わるだろう。そこに正か負かの自然選択が働けば、この変異が、それ以降の世代で広がったり無くなったりする。

また、AAAだった配列が、AAGになったとしよう。しかし、どちらの配列もリジンを作る配列なので、塩基配列が変わっても表向きは何も変わらない。これは中立なので、この変異が増えるか消えるかは、単に偶然に任されることになる。

ところで、昔は遺伝情報を全部読み取るなどということはできなかったので、進化の話の多くは、ある形質を司っている遺伝子があると想定して考えていた。しかし、二〇〇三年にヒトゲノムの全貌が明らかにされて以降、動物、植物、菌類、細菌類、原生生物などなど、いろいろな生物の全ゲノム配列が明らかになってきた。つまり、染色体に収められているDNAに並んでいる塩基配列を全部読み取ったということだ。ヒトでは、それはおよそ三〇億塩基対である。

そうして全情報が読み取られたところでわかってきたのは、ヒトの全ゲノムの中で、タンパク質を作ることにかかわっている配列は、全体の一・二パーセントぐらいしかないということだ。でも、タンパク質を作ることにかかわっていなくても、遺伝子のスイッチを入れたり切ったりするような調節をする遺伝子などがある。そんな遺伝子も入れれば、ヒトにはいったい何個の遺伝子があるのだろう？　最初は三万個ほどと言われていたが、いやいやもっと少ない、一万個ぐらいではないかという推測もあったが、今では、二万個ぐらいではないかと言われている。ヒトという複雑な存在を作るにしては、意外と少ないでしょう？

では、残りは何をしているのだろう？　それが今でもよくわからない。過去にいろいろなウイルスに感染して、ウイルスの遺伝子の一部が取り込まれてしまった残骸だとか、よく意味のわからない繰り返しの配列だとかがたくさんあり、一時は「ジャンク（ゴミ）」と呼ばれていた。しかし、本当にゴミではないらしい。何か重要な働きをしているのだろうが、まだよくわかっていないのである。

繰り返しの多い配列というのは、ふんだんに見られる。マイクロサテライトというのは、その一つだ。ある配列が二から数回繰り返されるもので、普通は何の影響もないので、その個体の遺伝子が複製されるときに、いわばただ乗りして一緒に複製されている。しかし、あまり繰り返しの数が多くなると、遺伝子全体が不安定になるので、疾患の原因になることもある。

また、SINEとLINEという繰り返し配列もある。SとLの違いは短いか長いかの違いで、短い方は五〇～七〇〇回ぐらいの繰り返し配列。長い方は、七〇〇〇回ぐらいの繰り返し配列になる。これらは、真核生物が進化してきた初期のころに寄生されたもので、レトロトランスポゾンと呼ばれるものだ。別に悪さはしていないが、ずっとただ乗りして複製されてきたらしい。全ゲノム配列の二〇パーセントほどを占めることもある。

このような、一見なんの役にも立っていないように見える領域も、今ではいろいろな生物について詳しく調べられるようになった。このような部分に起きたいろいろな変異をもとに、二つの集団がどれほど前に分かれたのかなどが研究されている。

遺伝子の構造

では、「遺伝子」そのものは、どんな構造をしているのだろう？　これは、メンデルの法則の発見以来、ある形質を作る情報の塊で、粒子のようなものだと考えられてきた。確かに、遺伝は、違う色水が混ざるように両親の性質が混ざってしまうことはないので、粒子のように固まりで伝えられる。では、その遺伝情報は、一続きの並びの塊かというと、そうではないのだ。

何かの形質を決める一つの「遺伝子」の領域には、何百、何千、ときには何万、何百万個もの塩基配列が並んでいる。しかし、その配列の中で、実際に読み取られる部分と、読み取られない部分がある。読み取られる部分をエクソン、読み取られない部分をイントロンと呼ぶ。遺伝子には、「読み始め」を示す配列と「読み終わり」を示す配列があり、読み始めから読み終わりまでが読み取られるのだ。

ところが、それだけではない。遺伝子には、プロモーターやエンハンサーという領域もある。これらは、遺伝子の発現を調節するタンパク質である転写因子と結合することで、その遺伝子がどれだけのものを作るかを制御している。プロモーターは原核生物にもあるが、エンハンサーは真核生物にしかない。プロモーターは、普通は、遺伝子の上流付近に近接して存在する。しかし、エンハンサーの方は、遺伝子の上流にも、下流にも、はたまた遺伝子の配列の内部にも存在する。このエンハンサーにアクティベータータンパク質やレプレッサータンパク質が結合することにより、その遺伝子の働きを制御するのだ。

こんなことがあるので、遺伝子の働きは、その遺伝子の狭い領域だけを見ていてもわからない。なんとも、生物は複雑にできているものですね。でも、地球上の生命の歴史は三八億年であり、イヌもヒトも、三八億年も連綿と続いてきたあげくの姿なのだ。その間には、さまざまなことが起こったに違いない。ゲノムはその全歴史を示しているのである。

なにはともあれ、このようなゲノムの配列が複製されるときに起こる突然変異が、集団中で広まるのか、消えるのか、というのが進化のプロセスである。第3章で紹介した、イヌの家畜化の起源に関する研究も、オオカミといろいろなイヌの遺伝子を調べているが、遺伝子と言ってもこんなさまざまな領域に起こったことを詳しく見て比べているのである。

人為選択のプロセス

自然選択は、「選択」とは言うものの、誰かが目的をもって選んでいるのではない。たくさん生まれてきた個体に、いろいろな遺伝的変異があり、それが生きて繁殖するうちにどういう運命になるか、ということだ。ある環境のもとで有利であった変異は、正の選択を受けて広まる。でも、環境が変われば、その変異が有利であるかどうかも変わる。また、たとえ有利な変異が出現したとしても、なんらかの偶然で集団中には広がれなかったこともある。とにかく、自然界で起こっている進化は、場当たり的なのだ。

さて、ヒトの生活の原点は、自然界に存在するさまざまな生物をとって食べる、狩猟採集生活だ。タンパク質は、おもに狩猟や漁労でとる動物から得る。デンプンや糖分は、おもに根茎や葉や果実などの植物から得る。狩猟採集生活は、その日暮らしだ。とれないときは飢える。

一方、たくさんとれるからといって、とり過ぎても腐るだけ。貯蔵はできない。食物は自然の恵みなので、自然にまかせるしかない。

ところが、ヒトという生物は、目的を持って計画的にことを進めることができる。およそ一万年前、ヒトは、動物を家畜化して飼育したり、植物を栽培したりすることを始めた。農耕と牧畜の始まりである。その過程では、「より小型で制御しやすい、おとなしい個体」を選ぶ、「よりたくさんの実をつける株」を選ぶ、というように、何を多く増やしていき、何は増やさないようにするかをヒトが決めた。これが人為選択である。

人々は、この一万年にわたって、いろいろな生物に対して人為選択を行なってきた。その結果がウシ、ウマ、ヤギ、ヒツジ、イヌ、ネコ、ニワトリ、米、コムギ、大麦、トウモロコシ、トマト、リンゴ、オレンジなどなどである。これらの生物が家畜化、栽培化されたとき、ヒトには遺伝子の知識などなかった。表に現れている形質、つまり、表現型だけを見て、こんな個体がよいなと思うと、それらを交配させ、そうでない個体は交配させないことで選択を重ねてきたのである。

その結果はどうなっただろうか？　遺伝子の本当の働きというのは、先に述べたように実に複雑なのだ。それを、見た目のある種の性質だけを目安に選択してきた。その結果、結局、目指した品種が作れなかったこともある。また、副産物として、思いも寄らなかった性質が現れることもある。

その一つが、哺乳類の体毛の色だ。たいていの野生哺乳類は黒っぽい。ホッキョクギツネなど、雪原に住むいくつかの種類を除き、体毛はみんな、黒、灰色、茶色、茶褐色、赤褐色、ぶちなどが主で、真っ白な野生個体はほとんどいない。しかし、ウシでもウマでもイヌでも、家畜化した個体には、体毛の白いのがいる。これは、「なるべく従順でおとなしい、ひとなつこい性格」の個体を選んできた結果、必然的についてきた変異のようである。だから、家畜化された動物個体の間でも、黒っぽいのは原種に近く、白いのはよりおとなしい、という関係がある。

この研究を最初に始めたのは、ロシアの遺伝学者のドミトリー・ベリヤーエフだった。彼は、一九五〇年代に、ロシアの研究所でキツネの継代飼育を始め、おとなしくてひとなつこい個体だけを選んで繁殖させた。そうしたところ、思ってもいなかった変化が形態に現れたのだ。おとなしくてひとなつこいキツネは、また、色が白く、耳が垂れて、しっぽが巻き上がるという性質も示したのである。どこかで見たことがあるでしょう？

これはどうやら、「おとなしい性格」を支配している遺伝子と、「体毛が白い」ことを支配している遺伝子が近くにあり、発生の途上で同じ運命を共にするからであるらしい。

私は、この話にすごく納得している。なぜなら、キクマルは白かったが、コギクとマギーは真っ黒だ。そして、キクマルは本当におとなしくて、人の言うことをよくきく、天使のような良い子だった。それに対して、真っ黒のコギクとマギーは、気が強く、人の言うことをきかず、おとなしくなんかまったくなくて、なんでも破壊する「野生型」だからだ。

遺伝子の研究は、これからももっと進むだろう。そして、さらにいろいろな謎が解けるときがやってくるに違いない。そんな日を楽しみにしつつも、この子たちと幸せに過ごせれば、それだけでよいという気持ちもある、今日この頃である。

（ワンコたちの陰の声）

コギク「なんだよ、またキク爺は偉かったっていう話かよ」

マギー「お爺ちゃんなんて知らないわ。あたしはあたしのやりたいことをするのよ」

第5章　犬種の違い、個性の違い

さまざまな犬種の起源

イヌにはさまざまな犬種がある。ボーダーコリー、チャウチャウ、ラブラドール・レトリーバー、ゴールデン・レトリーバー、各種テリア、ダックスフント、シーズー、プードル、柴犬、秋田犬、などなど。もう絶滅してしまった品種も含めて全部数えると、八〇〇種ぐらいになるのではないかと言われている。

犬種はそれぞれ、人間のなんらかの活動に役立てるように人為選択をかけて作られた。ボーダーコリーやウェルシュ・コーギーは牧羊犬、ラブラドールやゴールデンは名前の通りレトリーバー（retrieve は回収するという意味）なので、これは狩猟で撃ち落とされた獲物を回収する役割をおわされたイヌである。うちの子たちであるスタンダード・プードルも猟犬だ。とくに撃ち落とされた水鳥を回収するために作られたので、水が大好きで、濡れたあとの毛の乾きが早い。ラブラドールには、ちょっとおもしろい歴史がある。この犬種は、もともと狩猟ではなくて、地引き網を引いたり、網からこぼれ落ちたニシンなどを回収したりするように作られたのだそうだ。

テリアには、実にさまざまな犬種がある。これらはもともと、キツネやアナグマ、カワウソなどを獲ったり、ネズミを退治したりするために作られたということだ。キツネ狩り、カワウソ狩りなどに使われるので、猟犬と言えば猟犬なのだが、この狩りの対象動物はどれも巣穴を作る動物である。その巣穴に入り込んで追い出したり、出てきた獲物を追跡したりするのが役目だ。ダックスフントも、アナグマの穴に入って追い出すために作られたイヌだ。

ドーベルマンは番犬、警備犬として作られ、ジャーマン・シェパードは軍用犬として作られた。あの大きなセントバーナードは、もともとローマ時代には軍用犬だったそうだが、スイス地方で遭難救助に使われるようになった。サモエド、シベリアンハスキー、エスキモー犬など、北方のイヌたちは、狩猟はもちろんのこと、犬ぞりを引くという特殊な仕事をさせられてきた。

チャウチャウは食用犬、という「かわいそうな」生い立ち。日本の柴犬は裏山での狩りに使われ、秋田犬は、マタギの人たちの狩猟の補助犬だったそうだ。

もともとの出自を探ると、こんな風でおもしろいのだが、今はどれも愛玩犬として家で飼われていることが一番多い。そして、先にあげなかったもろもろの「小型犬」の多くは、そもそも愛玩犬として作られたものである。

愛玩犬はみな小型で愛らしい形をしているが、仕事をさせるために作られてきた犬種は、その仕事に適応したからだの特徴を持っている。スタンダード・プードルの毛が濡れても乾きやすいのは、そんな特徴の一つである。ダックスフントの脚があんなに短いのは、アナグマの穴に入りやすくするためだ。軍用犬、救助犬などはみな、からだが大きくて力が大変強い。チャウチャウは食用犬だから、肉がたくさんつくようなからだになっている。そのため、敏捷に歩いたり走ったりするのには向かなくなってしまったということで、なんとも哀れである。

イヌの仕事と特有の性質

仕事をさせるために作られたイヌは、また、それぞれの仕事に向いた性格・気性・好みを持っている。たとえば、うちの子たちは水猟犬なので、水に入るのが大好きだ。とくにキクマルは、泥池でも川でも、入りたくてしょうがない。代々木公園の噴水池にも、親の目を盗んで何度飛び込んだことか。朝のお散歩のとき、ちょっと目を離したすきに、きれいとはいえない池の方に突進していく。「キークーーー!!」と怒鳴ってももう遅い。そして、ドボン。あーあ、また入っちゃったよ（トホホ、シャンプーだ）。

池にドボン

伊豆の別荘の庭には、私たちで作った池があるのだが、コウホネの大きな株が真ん中に生えていて、これも結構な泥池である。そこにもドボン。おかげであの白い毛が泥んこになり、「お風呂場、直行！」ということになる。

コギクはそこまでではないが、伊豆の庭の泥池には入った。二頭とも、真夏には庭に子ども用のビニールプールを出してもらって水遊びをする。夏休みに入って「プール開き」の日には、二頭とも興奮すること、興奮すること。ホースで水を入れている間に、ホースから出てくる水に噛みつく、遠くから走ってプールに飛び込む。また飛び出してブルブル。まあ、楽しそうなことと言ったら！

伊豆の別荘の近くには、浮橋公園という公園があり、そこには渓流が流れている。キクマルは、その川に入るのも大好きだった。初めてコギクを連れて行ったときには、コギクは、初めは怖がってなかなか川に入れなかった。が、キク爺の見守る中、少しずつ慣れてきて、今では喜んで川遊びをしている。ボールを川に投げてやると、飛び込んで泳いでそれを取りに行く、というのが大好きなお遊びの一つである。

テリアは穴を掘るのが大好きだ。ウェルシュ・コーギーは、ヒツジやウシの後ろ脚によく噛みつく。こうして家畜を思う方向に誘導するのだが、そういう風に仕事をするように人間が教え、その傾向を選択してきたので、彼らは脚に噛みつくのが「好き」なのだ。

犬ぞりを引くイヌたちは、そのために選択され、そのように訓練されているので、特有の性質や能力を持っている。群れで動くこと、そのためのリーダーシップ、研ぎ澄まされた方向感覚などがそうだ。イヌは、もともとオオカミなので集団で暮らし、リーダーがいる。リーダー犬はリーダーシップを発揮し、あとのイヌたちはそれに従う。その性質をそのまま保存し、強化し、かつ人間がそのトップのリーダーになっているのだ。

南極観測隊とイヌの物語

私自身はエスキモー犬などを知らないのだが、なぜ、こんなことを書いているかというと、最近読んだ本のおかげである。『その犬の名を誰も知らない』（嘉悦洋著、北村泰一監修・ShoPro Books）という本だ。

一九五七年から一九五八年にかけて、日本の南極観測隊が初めて南極で越冬した。彼らは犬ぞりを引かせるための樺太犬を一八頭連れて行った。そのうちの二頭は越冬中に死亡し、もう一頭は行方不明となった。残る一五頭は、次の第二次越冬隊がすぐ来るため、少しの食料と一緒に昭和基地に鎖でつながれて置いておかれた。

しかし、天候が悪くなって第二次越冬隊はすぐには来なかった。一九五九年一月、とうとう第三次越冬隊がやってきたとき、七頭は鎖につながれたまま餓死していた。六頭は行方不明。

瀬戸物のジロー像

ところが、奇跡的に二頭だけが残っていた。それが、あの有名なタロとジロの話である。ある年齢以上の人たちなら、みんなこの話を知っているだろう。六歳だった私もその話に感動し、小さな瀬戸物のジローの像を買ってもらった。それは、今でも持っている（ちなみに、彼らの名前は、タロとジロと表記することになっているようだが、私が一九五九年に買ってもらった瀬戸物のイヌには、ジローという名前を彫った金属の板がついている）。

ところが、本書によると、一九六八年に昭和基地で一頭の樺太犬の死体が発見された。その年は例外的に気温が高く、氷が溶けて死体が出てきたのだ。と言うことは、タロとジロのほかにもう一頭、行方不明だった六頭のうちの一頭がしばらく生きていた可能性が出てくる。しかし、以前に遭難死した隊員の遺体が発見されるなどの事件があったため、イヌのことはほとんど知られることなく時が過ぎてしまった。

一九八二年になって、そのことが、第一次越冬隊の元メンバーで、樺太犬の世話係をしていた研究者である北村泰一氏の耳に入る。そして、紆余曲折を経て二〇一八年、当時、ある新聞社の記者だった嘉悦氏と北村氏とが会うことになり、その第三のイヌの話が出てきた。そして、二人で記録を洗い出し、当時の他の隊員たちに話を聞き、北村氏の記憶をたどり、その第三のイヌは誰だったのかを突き止めた。その記録が本書である。

イヌの性格

これは、いくつもの意味で興味深い本だ。もちろん、第三のイヌは誰だったのかを解明する、探偵小説のようなおもしろさがある。緻密な推理と地道な検証。さすが、北村氏は科学者だ。しかし、北村氏はもう八七歳。病気もあって、なかなか当時のことをすんなりとは思い出せない。なぜか南極時代の写真は一つも手元に残っておらず、なぜそんなことになってしまったのかの記憶もまったくない、というのだ。ところが、こうやって調査を開始し、嘉悦氏と相談しながら調べていくうちに、だんだんと記憶が確かになり、活力がよみがえってくる。この過程がまた素晴らしい。

そして、最後に、イヌの性格に関する分析である。この第三のイヌは誰だったのかを明らかにする鍵の一つは、タロとジロとこのイヌの三頭が、何を食べて生き延びたかだ。彼らは隊員が置いていったイヌ用食料がなくなったあと、どこで食料を調達したのか？　一九五九年に北村氏がタロとジロに再会したとき、彼らはよく太って子熊のようだったという。しかも、隊員の食糧貯蔵所の中に置かれていたイヌ用食料には、手がつけられていなかった。

北村氏は、まずこの問題を推理して解く。そうすると、昭和基地から一〇〇キロほど離れた三ヶ所に行き着いた。そこには、イヌが食べられる食料があった。おそらくその三ヶ所しかない。だとすると、ソリを操って行き先を指示する人間なしに、自分たちだけでそこまで行って帰ってこなければならない。

タロとジロは、第一次越冬隊に参加するために引き取られてきたとき、まだ生後二ヶ月だった。それから訓練を積んで南極に行くわけだが、この二頭はまだ若い。だから、危険な氷原を一〇〇キロ走行する知恵や気力は十分ではなかっただろうと、北村氏は推論する。もちろん、鋭い方向感覚と記憶力も必要だ。そして、若いタロとジロを従わせるリーダーシップ。これは、一五頭のイヌをよく知る北村氏による、彼らの性格に関する分析だ。一九六八年に発見された死体の毛色が白っぽかったことを考慮すると、黒いイヌは除外してよい。そうして、最後にたどりついたのが……。

このイヌはもう七歳になっていたので、タロとジロと一緒に何ヶ月か暮らしたのち、おそらく老衰で死んだのだろう、というのが北村氏の推論だ。結論は読んでのお楽しみ。しかし、大変に感動的である。イヌ好きならば、とくに興味を引かれるに違いない。

うちの子たちの性格で言えば、キクマルはおとなしい、他のイヌに対して優しい、我慢強い、おっとりしている、などがあげられる。近所のお肉屋さんの御主人に、「この子はね、人間で言えば人柄がよいって言うか」と褒められたことがある（というのが親の自慢である）。コギクはといえば、やんちゃ、他のイヌに対して優位に立とうとして、ときに喧嘩する、我慢しない、といったところか。二〇一九年の十二月に我が家にやってきたマギーは、食べたがりでずうずうしい。これは、一一頭きょうだいという過激な競争環境にあったせいもあるに違いない。しかし、我が家で初めての女の子なので、まだつかめないところもある。お兄ちゃんを尊敬しているところもあるが、お兄ちゃんに絡んで、喧嘩をしかけ、ときどき「うそ泣き（降参したふり）」しながらかかっていく。これがマギーの個性なのか、女の子の一般性なのか、もう一頭女の子を飼ったあとでないと、結論が出せない気がする。いずれにせよ、三頭三様でおもしろい。

ずっと「一人っ子」だったキクマル

キクマルを飼おうと決めたのは、二〇〇二年にネコのコテツが亡くなったあとの二〇〇四年だった。五月に生まれたキクマルが我が家に来たのが八月。私たちにとって初めてのイヌの家族だ。キクの両親であるアニータとコーディを飼っていた獣医の菊水先生にはいろいろと教えてもらったが、『犬の医・食・住』(どうぶつ出版)という本も購入し、まじめに勉強した。これは大変役に立った。

キクマルは、初めての子なので、こちらもイヌのことがよくわからない面もあり、かなり大事に育てた。でも、キクはおとなしい性格の、全般的に「良い子」だったので、子イヌの頃からそれほど面倒もなく、育てやすい子だった。

キクは、一一歳になるまで「一人っ子」だった。私たちは共働きだし、イヌが一頭でマンションに残って私たちの帰りを待っているのは寂しいに違いない。しかし、私たちのマンションは、夫の勤め先であった東京大学教養学部駒場キャンパスのすぐそばだったので、キクは毎日、夫と一緒に駒場の研究室に通っていた。イヌの認知能力の研究もしている研究室なので、部屋にイヌがいるのはかまわなかったし、実際、多くの実験にも参加した。

夫が教養学部長になると、それまでの延長で、キクは、学部長室に通った。おとなしく隅の長座布団で寝ていて、会議中、奥にイヌがいることすら気づかない先生方もいたそうだ。

その後、夫が東京大学の理事・副学長になり、本郷の本部が職場になったときには、さすがにそこまでキクを連れて行くことはできなくなった。キクは、昼間は一人でお留守番ということになるのだが、そのころにはもうすっかりおとなだったし、ドッグ・シッターのちいちゃんが来てくれるので、安心だった。

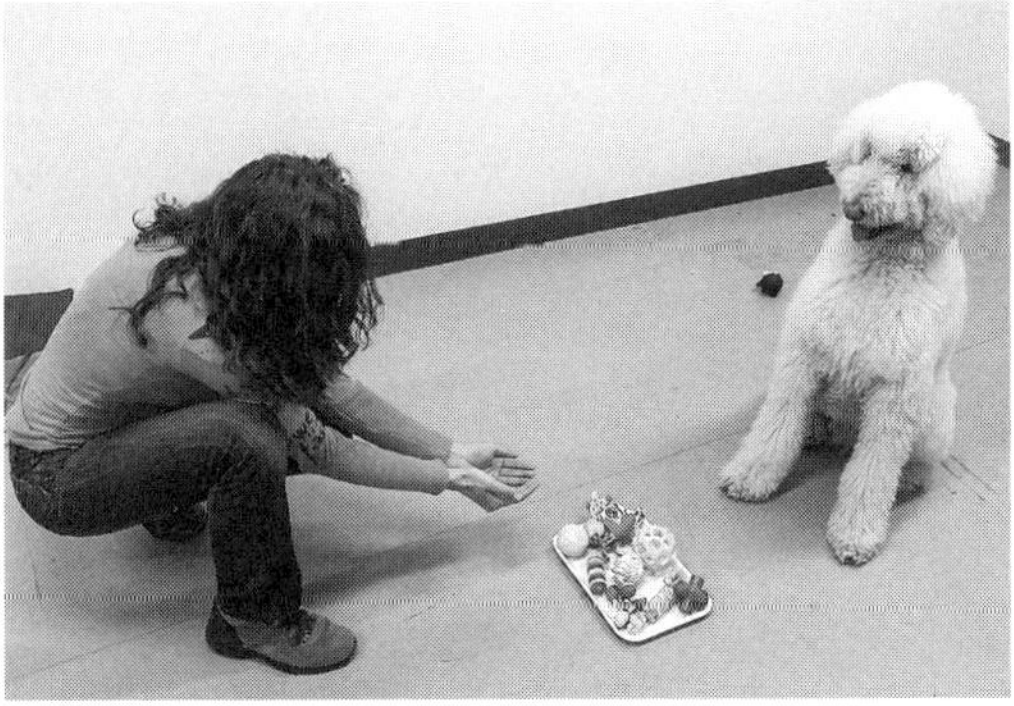

認知実験に参加するキクマル
実験者：テレサ・ロメロさん

こうして「一人っ子」のキクを囲む家族の生活が続いたのだが、キクが一一歳のとき、下の子を飼うことに決めた。キクマルは健康で長生きだが、いずれ寿命は来る。お父さん（夫のこと）のペットロスによる悲しみを考えると、次の子がいた方がよいかなと判断した。キクの姪のジャスミンが出産するというので、そのうちの一頭をもらうことにした。

それができたのも、二〇一四年の十二月に引っ越しをしたからだ。それまでのマンションから、たった数百メートルの引っ越しだが、イヌを何頭飼ってもよいというところへ引っ越したのだ。こんな条件のマンションは、今どき、まずないに違いない。でも、今住んでいるところは、他人に迷惑をかけない限り、どんなイヌでも、何頭でも、飼ってよいのである（築五〇年ですが）。

コギクが来る

コギクは、二〇一五年の一月一日に生まれ、三月の末に我が家にやってきた。一〇頭きょうだいの中の雄である。お母さんのジャスミンは黒で、生まれた子は全員黒。コギクも真っ黒な子だ。菊水先生のお宅にコギクを引き取りに行った日は、キクマルも連れて行った。以前にもキクとコギクを対面させてはいたのだが、キクにしてみれば、まさかこれから一緒に暮らすことになるとは思っていなかったのだろう。帰りの車の中でコギクと一緒になると、明らかにキクは不満そうだった。「こいつ、なんでここにいるんや？」という怪訝な顔をして嫌がっている。

コギクの方は、私に抱かれてすっかり安心して眠ってしまい、うちに着いたらさっそくあち

帰りの車中、不満そうなキクマル

こちを探索。そして、もう何日も前からここで暮らしていたかのように、我が物顔で歩き回り始めた。キクにもなついて、すぐにキクにまとわりついて遊びに誘う。キクは、それがうざったいらしく、「ウー」というひどく低い声を出して追い払おうとする。それでも、コギクは全然気にしないで遊ぼうとし続けるのだ。

こうして二頭が一緒に暮らす日々になった。しかし、一ヶ月経っても、二ヶ月経っても、キクはコギクの存在が受け入れられない。「こいつ、いつ帰るんや?」とでも言うような目つきでこちらを見る。でもねえ、この子とはずっと一緒に暮らすのよ。キクマルちゃん、わかるかなあ。

コギクというやんちゃなチビすけがうちに来たとき、キクマルはもう一一歳だった。スタンダード・プードルは長生きだが、一一歳は十分年寄りである。これまでずっと一人っ子でいたのに、この年になって急に赤ん坊が来て、キクも驚いただろう。もう、一人でもあまり遊ばなくなっていて、新しくあげたおもちゃも、それほど喜んで遊ばないということもしばしば起こっていた。実際、私たち自身が年だし、だんだん衰えていくキクと一緒の暮らしは、まさに「たそがれ」の感があった。

　そこへ、コギクである。この新しい命は、そんな「たそがれ」ムードの家に、はじけるようなエネルギーをもたらした。前にも書いたように、何もかもかじって壊す「破壊魔」なのだが、怒られても怒鳴られても何のその。マンションの部屋の中も代々木公園も、全力で走り回り、キクでも誰でも飛びついて、新風をもたらした。キクが遊ばなかったおもちゃも、全部コギクがかじりまくり。年老いて静かなキクだけを相手にする生活とは打って変わって私たちの精神状態も一気に若返り、やんちゃ坊主相手におおわらわの生活へと激変した。世代交代の必要性を実感させられた。

　やがて、キクもコギクを受け入れるようになった。毎朝の散歩では、飛びついてくるコギクを相手にワンコプロレス（通称ワンプロ）をしてあげる。伊豆の別荘では、初めて川遊びするコギクを気づかってやったりと、よいお兄ちゃん（お爺ちゃん？）ぶりであった。

　ただし、ご飯のときは隔離せねばならない。放っておくと、コギクの方が早く食べ終わり、強引にキクのご飯を食べてしまうからだ。年老いたキクは食べるのも遅いので、これは一緒にできないのである。

　こんな風にして、お爺ちゃんと子どもの二頭の暮らしが四年間続いた。そして、キクが一四歳一一ヶ月で亡くなる。

マギーが来る

キクマルが亡くなったのが四月。コギクは、初めて一人っ子になった。これまで、いつも必ずお兄ちゃんがいたのに、昼間は誰もいない。お兄ちゃんを待っているかのように玄関に座っている姿は、とても寂しそうだった。ドッグ・シッターのちいちゃんが来てくれるが、どうも一人はよくない。そこで、次の子をもらうことにした。今度は、コギクの同腹のお姉さんであるニコちゃんが産んだ子である。

ニコちゃんの出産は十月三日だった。なんと、一一頭生まれたということだ。今度は女の子をもらうことにした。我が家で初めての女の子である。ニコちゃんが暮らしている麻布大学獣医学教室に何度か見に行って、コギクにも対面させた。ニコちゃんも黒で、生まれた一一頭も全員黒。その中で、一番からだの小さい子をもらった。名前はマーガレット（キク科です）、通称マギーである。

十二月十二日に、麻布大学の研究室にマギーを引き取りに行った。コギクも一緒である。育ての親の永澤先生や菊水先生によると、「この子はちょっとビビリン」ということだったが、やがて、まったくそんなことはないと判明する。

帰りの車の中では、コギクは、かつてのキクマルのように、「こいつ、なんで一緒にいるの？」という顔をしている。どのイヌも、最初に誰か別の子が来たときには、そういう反応をするのだろう。そして、マンションに着いて一緒に家の中に入ったとき、コギクは、前に麻布大学でマギーと対面させられたときのことを思い出して、「あ、あれはこういうことだったのか」と理解しただろうか？

マギーも、小さかったときのコギクとまったく同様に、すぐにもお兄ちゃんになついて、まとわりつき始めた。そしてコギクも、かつてのキクマルとまったく同様に、「ウー」と低い声で唸って追い返す。それでもマギーはおかまいなし。お兄ちゃんの耳を噛む、手を噛んで引っ張る。ソファに寝ころぶコギクのおなかに、下から噛みつく（足が短くて、まだソファに上がれないから）。

そこからの二人の反応が、キクとコギのときとは違う。それは、コギクがまだ若いからなのだ。キクマルは年だったので、小さな子どもの相手をするのは、本当に難儀だったに違いない。しかし、コギクはまだ五歳になったばかりである。もうジュニアではないとは言うものの、小さい子が挑んでくれば、結構、本気になって相手をする。かくして、コギクとマギーのワンプロの毎日が始まった。

マギーが来たばかりの頃は、まだ彼女は生後二ヶ月半である。体重はおよそ六キロ。体格は

最初の頃の体格差

コギクの四分の一ほどだ。飛びついてかかってくるマギーに対し、コギクは明らかに手を抜いて適当にかわしていた。しかし、マギーはどんどん成長する。生後四ヶ月で体重一二キロ。体格も、コギの半分ほどになった。だから、このごろのワンプロはコギも適当にあしらってなどいられない。双方、本気の闘いである。今や一歳のマギーの体重は一八キロだ。

ワンコプロレスを見ていると、大変におもしろい。まずは、互いに嚙み合う。手や耳や顔や、あちこちを嚙んで毛を引っ張るのだが、次には、自分を嚙んでいる相手の口を嚙むので、やがては口と口の争いになる。寝転がって絡み合い、両手両足も総動員だが、主たる戦場は口だ。やはり、イヌが世界を把握する器官は口なのだと再認識させられる。

ワンプロがこうじて闘いもたけなわになると、歯をガチガチ鳴らし、上唇を後ろに引いて、上の歯をむき出しにする。なんともヒドイ顔だ。こうして相手を威嚇するのだが、本気で喧嘩しているわけではない。マギーは、形勢が悪くなると仰向けに寝ころんでおなかを見せる。それでも、歯をガチガチさせて、例の悪い顔をするので、「仰向けに寝ころんでおなかを見せる」という行動が、よく言われているような「降参」のサインなのかどうか、私にはよくわからないのである。

マギーがこういう態度に出ると、それを見ているコギクも、そのまま「許して」あげることはない。両耳を前に倒して、仰向けになっているマギーのおなかに、あま嚙みではあるが、ガブッ、ガブッと嚙みつくのである。だいたい、そういう「降参」の格好をしているマギーが、歯をむき出しの悪い顔をしているのだから、これは、全体が「遊び」なのだろう。

これは、コギクとマギーが兄と妹の関係（血縁上は叔父と姪）で、一緒に暮らす間柄だからなのだろう。もし、そうではないイヌどうしで本当に喧嘩をしたならば、「仰向けに寝ころんでおなかを見せる」という行動は、「降参」のサインであり、相手はそれ以上の攻撃を控えるに違いない。こんなことを学ぶ土俵が、親しい間柄どうしのあいだのワンプロなのではないか。

やはり、二頭飼いはおもしろい。そして、イヌたちにとっても、一人っ子で育つよりは、二頭で育った方が（もしかしたら、三頭、四頭の方が？）ずっと社会性の獲得によいのではないか。そんなことを日々思い知らされている。

第6章　イヌの一生

イヌの成長過程

うちのイヌたちはスタンダード・プードルだが、生まれたときの体重は四〇〇グラムぐらいであった。それが、生後三ヶ月でうちに来たときには、七〜八キロなのだから、どれほど初期の成長が早いか、それは、私たち霊長類とは比べ物にならない。

イヌに関するいろいろな情報によると、イヌは二歳で、人間で言うところの二四歳ぐらいに達し、それ以後、一年に七歳ずつほど年をとっていくと言う。これは、「〇歳のイヌは、人間で言うと何歳ぐらいなのですか」、という質問に対する一般的な答えである。動物ごとに成長曲線も加齢の様子も、暮らし方も異なるのだから、人間で言えば何歳かというのは、一概には言えない。しかし、伴侶として暮らしているこの子が、人間で言えば何歳ぐらいなのか知りたいと思うのが人情なのだろう。私は、これまでいろいろな動物を研究し、その動物たちの話をしてきたが、ヒツジやゾウやチンパンジーについて、同じ質問を受けたことはまったくない。

イヌは二歳でヒトの二四歳というのは、繁殖可能になる時期と、いろいろな意味で成熟する時期とを考慮しての推測だろう。イヌでもヒトでも、二歳または二四歳になる前に、繁殖は可能である。しかし、繁殖できるということとは別に、ああこの子は一人前に成熟したねという感じは、それぞれ二歳と二四歳ということか。

キクマルは、なんでもかんでもかじるということもなかったし、困らされたこともほとんどなかった。しかし、コギクは、ありとあらゆるものをかじって壊した「破壊魔」だった。それでも、二歳になるとそんなこともなくなり、いわゆる「落ち着いてきた」という感じである。だから、マギーも、まだいろいろと「おいた」が止まなくて大変なのだが、二歳前なので仕方がないのだろう。

さて、二歳以後、一年ごとにヒトで言えば七歳ずつ年をとっていく、というのは、かなり大雑把な推定である。そうであれば、キクマルは、一五歳だとして、24＋(15－2＝13)×7＝

115歳ということだ！　キクちゃん、ほんとに長生きだったのねえ。では、今のコギクは六歳だから、24＋(6－2＝4)×7＝52歳。なに、君はもう中年なのか。まったくそうは見えないけど。でも、そうねえ、このごろ、少し中年ぽい感じはするねえ。

ヒトでは何歳に当たる、という言い方をすると、ヒトの生活史の中でのいろいろな状況を思い浮かべてしまう。二五歳と言えば、就職してまだ数年で結婚前、四五歳と言えば、そろそろ中年で中間管理職か、六〇歳と言えば定年間近、などなど。でも、イヌの暮らしには学校もないし就職もない。だから、そういうイメージでの比較はよくない。純粋に体力的な衰え、からだの老化という意味での目安である。その意味では、コギクはもう、元気の盛りは過ぎつつあるということだ。

だから、マギーに負けそうになるのである。マギーは元気の塊。お兄ちゃんに絡む、絡む。瞬発の筋力としては、コギクの方がまだずっと強いのだが、あんなにのべつまくなしに絡まれると、コギクの方が持久力と気力で負けて疲れてしまうらしい。ワンコプロレスが一〇分以上続くと、コギクは「もうジェットが切れちゃった」とでもいうように、逃げの態勢に入る。それをマギーがしつこく追いかける、というのが、今の日常だ。

イヌの親によるしつけときょうだい関係

イヌの親による子どものしつけは、絶対に重要である。うちのイヌたちを育ててくれた麻布大学の菊水教授の教室では、母親によるしつけ期間を三ヶ月と定めている。この間に、同じ種であるイヌの実の母親が、やってよいこととといけないことをイヌのルールで教えてくれる。あいさつの仕方、お礼の仕方、攻撃してよい場合とそうではない場合などなど。それは、大変に重要なことだ。

（左から）キクマル、コーディ、アニータ

キクマルの母親のアニータは、キクにとっては本当に怖い存在だったらしい。おとなになってからも、キクは、アニータに会うと萎縮し、怖がって、とても一緒に遊ぶなどという雰囲気ではなかった。お父さんのコーディは、そんなに怖くない。でも、お父さんが遊びに誘っても、近くにアニータがいる限り、キクはリラックスできないのだ。それはそうだろう。アニータが見張っていて、すぐにキクに噛みつくのだ。こんなにされたら、誰だって萎縮するよな、と思わせる親子関係だった。

しかしなんと言っても、キクマルは聞き分けのよい子だった。最後まで、お母さんを怖がって、一緒に遊ぶことはなかった、というのはかわいそうだけど。一方、コギクは、どうもねえ。あの子の母親はジャスミンだ。ジャスもいろいろしつけをしていたということだが、いったい、その成果はどう見たらよいのだろう？　コギクは、自分が嫌だと思うことは絶対にしない。どんなにこちらが怒っても、絶対にしない。そのあたりは、私とすごく似ている。やりたくないことはやらないのだ。これは、性格ですね。

それはともかく、生後三ヶ月は実の母親と一緒にいてしつけてもらう、ということの意味は、また、しっかり生後三ヶ月間は、同腹のきょうだいたちと一緒に育つということでもある。イヌは社会的な動物であり、その原点はきょうだいにあると思う。そのきょうだいたちとの競争と協力、仲良しとなぐさめ、いざこざと喧嘩の関係。これが大事なのだ。

幸い、うちのキクマルもコギクもマギーも、しっかり三ヶ月間、イヌの母親のもとで育ち、きょうだい間の複雑な競争と協力の関係を学んだあとでうちにやってきた。ここが原点。そして、ヒトの親によるしつけである。

ここは、その飼い主さんがどんな人生観、社会観を持っているかによって、ずいぶん変わるように思える。この頃は、飼い主さんたちが、イヌたちをまるでどんなに甘やかしてもかまわない子どものように、やりたい放題にさせている、本当の自分の子どもみたいに可愛がるけど、本当の自分の子どもに対してのようにはきちんとしつけていない、という意見がある。それはそうかもしれない。みんな、よく考えましょう。

マギーの発情

マギーは我が家で初めての女の子である。キクマルもコギクも男の子で、一歳と少しで去勢手術をした。それを言えば、ネコのコテツくんも雄で、一歳ですぐに去勢手術をした。が、マギーはどうしたらよいのかよくわからない。いろいろと相談すると、最初の発情（ヒート）がくるまではそのままにしておいて、そのあとで避妊手術をするのがよい、という意見が多かった。そうしないと、十分にからだが発達しないうちにホルモン源がなくなってしまうのは、よくないということらしい。

イヌのヒートは、生後六ヶ月から一〇ヶ月の間に始まるということだったが、うちのマギーは一向にその兆候がなかった。そこでいつまでも赤ちゃんだと思っているうちに、ある日、マギーが出血した。葉山のマンションの座布団に、何か血のあとのようなシミがあるとは気付いたのだが、まさかマギーが発情したのだとは考えもしなかった。翌日、ドッグ・シッターのちいちゃんがお散歩から帰ってきて、「マギー、発情ですね。出血しています」と言ってこちらはびっくり！　である。一歳と四ヶ月。ちょっと遅いよね。それとも、大型犬ではこんなものか。

ところで、イヌのヒートの出血は、ヒトの女性の月経とは、まったく機序が異なる。ヒトを初めとする霊長類では、排卵が起こり、子宮の中に卵が出てきているにもかかわらず、そこで受精が起こらなかったとき、子宮の内膜を全部捨ててしまうために出血が起こる。つまり、月経の出血とは、排卵して繁殖の準備が整ったにもかかわらず、このたびは妊娠にいたらなかった、というサインなのだ。

イヌのヒートは、これとはまったく違っていて、繁殖の準備ができました、ということを知らせる兆候である。ヒートの前期には、子宮内膜が充血するので、そこから出血が起こる。これがイヌの生理だ。こうして準備が整ったので、これから交尾に入るのである。ヒート前期の出血がどれほど続くのか、それも個体差が大きいらしく、一概には言えないようだ。出血と同時に陰部が少し大きくなる。マギーの場合、出血は二週間ほど続いた。その間は、いわゆる「おむつ」である。そこいらじゅうを汚されては困るので、紙おむつをつけさせた。幸い、マギーはおとなしいので、おむつを嫌がることもなく、すぐに慣れてくれた。コギクじゃ、こうはいかなかっただろうに。

コギク「なんでオレがおむつしなくちゃいけないんだよー!」

イヌでは、出血が止まったあとが本当の発情期で、去勢していない雄にはすごくモテるようになると言われている。友達の白柴のアリーちゃんなどは、いろんな雄イヌにつけまわされて困るので、まったく公園には来られない。だから、この期間は、マギーもお散歩で他のイヌたちに会わないように、公園などは避けて行った。それでも、ときどきは知り合いのワンコたちに会う。ところが、マギーはまったくモテないのだ! コギクは親類だし、去勢しているし、コギクがマギーに関心がないのは、それはよいとして、ビーグルのグッディーさんにも、柴犬のヨシオくんにも、まったく関心を持ってもらえない。

マギー「グッディーさんとかね、もう爺さんなのよ」

という意見もあるが、そうではないのではないか。

私たちの霊長類の研究では、今年初めて発情するような若い雌は、概してモテないのである。

それよりも、何度か出産と育児を重ねている熟女の雌の方がモテる。それは、初めての雌よりも彼女らの方が、繁殖価が高いことがすでに明らかだからなのだろうというのが、私たちの推測だ。

マギーのヒートは終わった。ヒート中に大きくなったマギーの陰部は、少しはもとに戻ったように思える。しかし、マギーの乳首は確実に大きくなった。これはもとに戻らない。ちいちゃんによると、早くに避妊手術した雌イヌの乳首は、極小でぺちゃんこなのだそうだ。マギーは、一度ヒートを経験したので、からだのいろいろなところで変化が起こり、それが固定されたように思われる。

いろいろ調べてみると、ヒート中の雌は、感情が不安定になる、落ち着きがなくなる、食欲がなくなったり、元気がなくなったりする、他のイヌやぬいぐるみなどにマウンティングするようになる、というような行動が現れるようだ。マギーはと言えば、感情の不安定化や落ち着きのなさなどはまったく見られなかった。食欲不振も皆無。相変わらず、食べたい、食べたい。友達の四国犬のルーシーは、ヒートのときにはちっとも食べなくなって困ったということだったが、マギーはなんのその。相変わらず、元気でもりもり食べるのだから、この子はいったいなんなのだろうね？

マウンティングに関して言えば、マギーは、ヒートになる前から、いつもお兄ちゃんにマウンティングしているから、とくに変化というものは見られなかった。
実は、マギーが好きなのは、代々木公園で一緒になる、ドーベルマンのリンタロウくんなのだ。

マギー「あたしね。リンタロウと赤ちゃん作るの！」

などという声が聞こえてくるのだが、親としては、この先マギーが一〇匹もの赤ちゃんを産んで、それらの面倒を見てあげる余裕はと考えると、それは絶対ない。それは無理ですよ。だから避妊手術しようね。ということなのだが、考えてみればかわいそうなことですね。うーむ。キクマルやコギクを去勢手術に連れて行くときにはまったく考えなかったのに、ヒートを経たマギーを前にしては、生殖の権利のようなものを考えてしまうのである。

イヌの寿命

四月一五日は、キクマルの命日である。スタンダード・プードルのキクマルは、二〇一九年の四月一五日に逝った。二〇〇四年五月二四日生まれだったから、一五歳にとどくまで、もうほんの少しだったのに。

ネコの方がイヌよりも長生きするらしく、イエネコでは、二〇歳以上まで生きる場合もある。うちの初代ペットであるネコのコテツも、拾ってきたのが一九八三年の三月、逝ったのが二〇〇二年の八月であるから、あと少しで二〇歳だったのだろう。しかし、イヌで二〇歳はあまり聞いたことがない。この違いは、イヌとネコの本質的な差であるようだ。

動物の潜在寿命を決めている大きな要素の一つが、活性酸素を処理する能力のレベルである。活性酸素とは、電子の数と配置が普通の酸素とは違って不安定な形になっている酸素原子だ。反応性が高く、いろいろなものと結びつく。生きていく上では、その効能もたくさんあるのだが、一方で老化の原因ともなる。

動物の体内には、この活性酸素を退治する酵素があり、その悪い作用を防止している。スーパーオキシドディスムターゼという、長い名前の酵素だ。そして、この酵素のレベルが高い動物ほど、潜在寿命が長いのである。ヒトはこの酵素のレベルがとりわけ高く、チンパンジーのおよそ二倍だ。そして、チンパンジーの潜在寿命が五〇歳ほどなのに対して、確かにヒトは一〇〇歳以上まで生きられる。実際、いろいろな動物で、この酵素のレベルと潜在寿命との間にはきれいな相関が見られるので、活性酸素への対処力は寿命を決める重要な要因に違いない。

そう考えると、ネコとイヌのスーパーオキシドディスムターゼのレベルを知りたいと思うのだが、なかなか正確なデータが得られない。

イヌ全体としての潜在寿命は、一〇～一八歳ぐらいと言われているが、犬種によってかなり異なる。概して、大型犬ほど寿命が短い。たとえば、全犬種の中でもっとも体高が高いアイリッシュ・ウルフハウンドは、雄の体高八〇センチ、体重五四～七〇キロで、寿命は六～八年である。バーニーズもグレートデンも、六～八年だ。ラブラドール・レトリーバーやゴールデン・レトリーバーでは、およそ一一年。それに対して、体重六・五キロほどのジャック・ラッセルやヨークシャーテリアは、一三～一六年。もっと長く生きる場合もあるそうだ。ダックスフントもポメラニアンも一六年ぐらいは生きるらしい。

スタンダード・プードルは大型だが、結構長生きである。ラブラドールやゴールデンよりも長生きする傾向があり、一二年ぐらいは生きるということだ。キクマルは体高六九センチ、体重二五・五キロだったが、あと一ヶ月で一五歳というところまで生きたのだから、中でも長生きだったのだろう。

ここで、また疑問だ。哺乳類では、普通、からだの大きな動物ほど長生きするという法則がある。それなのになぜ、イヌでは、大型の犬種ほど寿命が短いのだろう？　よく言われるように、ゾウとネズミを比べると、ゾウの方が時間がゆっくり流れて長生きし、ネズミは生き急いで早死にする。哺乳類の代謝速度や成長など、からだの働きに関する多くの指標は、体重の x

乗と相関しており、大きな動物ほど時間がゆっくり進む。これらは、アロメトリー関係として知られている。

ヒトでは、小柄で痩せ気味の人の方が、二〇〇キロの巨漢よりも長生きする確率が高いということはある。しかし、この例が、犬種間の体格の大きさにスライドできるものなのかどうかは疑わしい。二〇〇キロの巨漢は、メタボで心臓病などの可能性が高いから寿命が短くなるのだが、大型の犬種は、メタボで心臓病の確率が高いわけではない。

では、どうして大型犬ほど寿命が短いのか？　これも、まだ私が答えを見つけられていない疑問である。ちなみに、イヌの祖先であるオオカミの野生での寿命は、およそ六～八年のようだ。小型の犬種は、ネズミ獲りなどの仕事や可愛らしさに関係する形質を人為選択して作られた品種だ。そのような形質を標的に選択した結果、偶然、長生きに関係する遺伝子も選択されてきたのかもしれない。

キクマルの大往生

それにしても、キクはとても健康で元気に暮らした。大きな病気をすることもなく、怪我もなく、小さいときから代々木公園で走り回って、思う存分にからだを鍛えて楽しんだのだと思う。そしてだんだんに弱ってきたのだが、死ぬ一年前、二〇一八年の五月に後ろ脚が動かなくなった。お散歩には行きたいのに、後肢が動かない。前肢は動くのだが、後肢がヨロヨロでだめなのだ。初めは、獣医の先生からいただいた弾力のある紐をキクの腰に巻きつけ、それを私たちが手で持って歩かせていたのだが、あまりにも重いのでこちらが疲れてしまう。

これはもう限界だと思っていたときに見つけたのが、ワンコ用の車椅子だった。厚木にある「ポチの車イス」という店（pochinokurumaisu.com）で、ワンコを連れて行くと、その場で採寸し、二時間ほど待っている間に、その子専用のサイズのものを作ってくれる。待ち時間には、近くにあるワンコOKのカフェで休んでいればよい。そうしてできた車椅子は最高で、キクは、乗ったとたんにシャカシャカと嬉しそうに歩き出した。動かない後肢はベルトで吊って、よく動く前肢で縦横無尽に動くのである。

おかげで、こちらも楽になり、キクマルは従前通りにお散歩ができるようになり、快適な暮らしが戻った。伊豆の庭でも、代々木公園でも、葉山の海岸でも、坂道もなんの

葉山の海岸にて（2018 年 5 月 28 日）

その、キクは車椅子で快走する。左右のバランスが悪いところにくると、コロンとこけるのだが、起こしてやると、また快走。本当に水を得たように元気になってよく歩いた。

六ヶ月ほどで、この車椅子が壊れた。また厚木の店に行って修理してもらったが、「こんなによく使い込まれた例は見たことがありません」と言われ、作り手さんの方も嬉しそうだった。この車椅子は、キクマルの生活の質（QOL）の点で、見事な役割を果たしたと思う。小さいサイズから大型まで、オーダーメイドですので、お困りの方はお試しください。

これで、後肢の問題は解決したのだが、死ぬ半年前頃から、どういうわけか夜鳴きをするようになった。「キャン、キャン、ヒン、ヒン」と、独特の声で鳴く。どこか痛いのだろうか。その頃から、お灸と鍼の病院に連れて行った。どのイヌにも効果があるとは限らないようだが、これは、キクにとっては効果があったらしい。お灸の翌日は少し元気になっていた。病院では、「お父さんより年寄りなんですから、気をつけてあげてください」と言われた。確かに、お父さん（夫）よりずっと年寄りだわ。

そんなこんなで、最後の一ヶ月、最後の一週間と、だんだんに弱っていった。それでも、キクは毎日、車椅子でお散歩に行った。やんちゃざかりのコギクと一緒ではペースが合わないので、お散歩メニューは別々。コギはさんざん走らせるが、キクはゆっくり、そこらを回っておチッチとプップをするだけ。だんだんに食べる量も減っていった。

亡くなる前の金曜日の夕方、一度「危篤」になった。が、お医者さんで点滴してもらって回復。でも、「もう老衰ですから、あと二、三日ですかねえ」、と言われた。翌日の土曜日には、うちでイヌ友達のパーティをすることになっていた。キクは一応持ちこたえているので、パーティはやることにした。七人が来てくれて、みんなのお手製の料理がたくさんふるまわれ、飲まない人もいるのにワインが全部で六本も空いた。キクはずっと寝たきりだったけれども、少し缶詰を食べた。目はしっかりしていて、みんなが騒いでいるのを楽しんでいるようだった。

最後の桜の下で（2019 年 4 月 11 日）

翌日の日曜日、キクは寝たきり。朝からハアハアしていて、もう歩けないのでおチッチには出られず、ペットシーツでおもらし。この日も、たくさんのお友達のパパ、ママがお見舞いに来てくれた。夕方には、ドッグ・シッターのちいちゃんがグリーン・スムージーを作ってくれて、キクはスポイトで少し食べた。近所のスーパーで、偶然、モンサンとモンサンパパに出会い、帰りがけにお見舞いに来てくれた。モンサンサンは、コギクより半年ぐらい年上のボーダーコリーで、代々木公園朝一組の常連である。キクともコギともよく遊んだ。モンサンが寝たきりのキクに顔を近づけてご挨拶し、そのあと、コギクはモンサンとワンコプロレスをした。夜、キクはハアハア、ヒンヒンと呼吸が速く、夫はリビングでキクの横で添い寝した。

四月一五日の月曜日。私は、葉山の大学本部で仕事だったので、朝早くに出た。そして、一二時一六分に夫から電話。キク逝く……。熱が高いようなので冷やしてあげようと、ちょっと離れて戻ってきたら、もう息が止まっていたそうだ。この日、私は、一三時半から共同通信のインタビューがあった。昨今の大学改革に関する話だったが、何を話したのか、まったく覚えていない。幸い、私のインタビューだけの記事ではなく、多くの大学人から聞いたことをまとめる記事だったので、私の話は薄まっていた。

それにしても、これぞ本当の大往生。寝たきりだったのは、最後の三日間だけ。素晴らしい人（犬）生でした。元気に天国に上って、あちらでも走り回っていることでしょう。以前、知り合いのお医者さんが、本当に長生きして亡くなる人たちは、別になんの病気ということもなく、最後まで元気でいながらすーーっと亡くなる、何が悪いというわけでもない、それはミトコンドリアが一斉操業停止になったみたいだと言っていた。私は、キクマルが亡くなる過程を見ていて、改めてそうだなあと思う。

先に、活性酸素の退治が寿命と関係があると述べたが、生きるためのエネルギーを燃やしているのは、個々の細胞の中にあるミトコンドリアだ。そして、活性酸素が生じるのもミトコンドリア内である。肝臓だの心臓だの、何らかの臓器に不具合があって亡くなるのではなく、ただ老衰で徐々に火が消えるように命が尽きる。それは、やはり活性酸素とミトコンドリアの活動と関係があるのではないだろうか？　キクが逝ったのは四月一五日だが、キクと同腹のきょうだいたちで、病気にならずにその年まで生きていた四頭のみんなが、その前後の一週間以内に逝った。これも、ミトコンドリアの活動に関する遺伝的基盤が共有されていたからなのに違いない、と私は考えている。

翌日から、イヌ友達の弔問と供花が相次ぎ、なんと総勢六〇人強の人たちからお悔やみをいただいた。これもキクの犬徳です。うちには、アンティークも含めて、いろいろな小さいグラスがたくさんあるのだが、それら全部が総動員で、訪れた人々による献杯に使われた。キクの遺体を安置したソファの周りは、花かごであふれた。夫は、自分自身の葬儀にも、これほどの人は駆けつけて来ないだろうなどと言っていた。なにはともあれ、ありがたいことだった。

四月一七日、キクの遺体を伊豆に運んで庭に埋めた。雨降りの日だった。ネコのコテツのお墓のそばに穴を掘って埋め、墓石ならぬ丸太を置いて、周囲に花を植えた。キクちゃん、えらかったね。ほんとにたくさんの人々を幸せにしてくれたね。

キク曰く、「みなさん、おおきに。オリンピックやら、その延期やら、コロナによる緊急事態宣言やらで大変ですが、がんばってや。ワシも天国から応援しとりますぅ！」

——キク、天国にはウイルスはいないの？

「おらんです。そういうのがないから天国なんや」

——じゃ、ウイルスは天国には行けないわけ？

「そうですな。天国というものが作られたときには、ウイルスという概念はおませんでしたからね。ああ、そうか、天国にはウイルスもおるけど、奴ら、ここでは誰にも悪さはせんのですわ。だから、おるかどうかも、誰も気づかへんのや」

——そうか、天国の住人は、もうこれ以上増える必要がないから、宿主を食い物にすることもないんだね。納得、納得。

Ⅲ

イヌが開く社会

第7章　どうしてイヌは可愛いのか――愛着形成の機構

社会的なイヌ、因果関係のチンパンジー

進化史で見れば、私たちヒトにもっとも近縁なのはチンパンジーだ。チンパンジーとヒトの共通祖先が、それぞれ別の道を歩み始めたのは、六〇〇万～七〇〇万年前のことだ。一方、イヌを含む食肉目と私たち霊長目との共通祖先が分かれたのは、五〇〇〇万年以上も前のことである。もしもすべての能力の進化が、この分岐時間に従って異なっていくのだとすれば、私たちの認知能力にもっとも近いのはチンパンジーであり、イヌはずいぶん異なるということにな

る。

ところが、ここにとてもおもしろい研究（Hare et al. 2002）がある。ヒトは、ある物体を人差し指で指し示している人がいると、みんなその物体を見る。そうして、その人が何に注意を喚起したいと思っているのかを推測する。この動作の意味がよくわかるかどうかを実験したところ、わかるのはイヌであって、チンパンジーはわからなかったのだ。

実験の詳細を説明しよう。不透明で中が見えない容器に、実験者がおやつを入れる。もう一つの容器にも何かを入れる動作をするが、おやつはない。それをイヌとチンパンジーとに見せたあと、実験者がおやつの入っている方の容器を指差す。その手掛かりで、おやつの入っている方の容器を選べるかどうかを調べたところ、イヌは正答率が高かったが、チンパンジーはそうでもなかった。

次の実験では、同じく実験者が二つの不透明容器の片方におやつを入れるのだが、その後、容器を振って見せる。おやつが入っている容器からは音がするが、入っていない容器からは音がしない。この手掛かりでおやつの入っている方の容器を選べるかと調べたところ、チンパンジーは正答率が高かったが、イヌはダメだったのだ。おもしろいのは、人間の実験者が姿を見せない「ゴースト」という実験条件で、おやつの入った容器には携帯電話が入っていて、りんりんと音が鳴る、という条件でも、チンパンジーの正答率は高かったことだ。イヌはダメ。

他にもいくつもの実験があるのだが、結論はこうである。イヌは人間が出すコミュニケーションのシグナルをよく理解して、それに反応するが、チンパンジーはそうではない。一方、チンパンジーは、「物が入っているときには音がする」というような、物理的因果関係をよく理解しているが、イヌはそうではない。この論文の著者らは、「社会的なイヌ、因果関係のチンプ」と言っている。それは本当にそうだと思う。

我が家のイヌたちも、私たち人間が出す手掛かりに対して、本当に敏感である。「おいで」「行っていいよ」「持ってこい」「ダメ!」のシグナルを実によく理解する。それは、イヌがヒトによって家畜化されてきた歴史があるからだ。人間の出すシグナルをよりよく理解する個体を選別して、イヌの各種が作られてきたからなのだ。チンパンジーは、そんな選択を受けていない。それよりも、彼らの進化史においては、物事がどのように推移するかを自分で理解することが重要だったのだ。

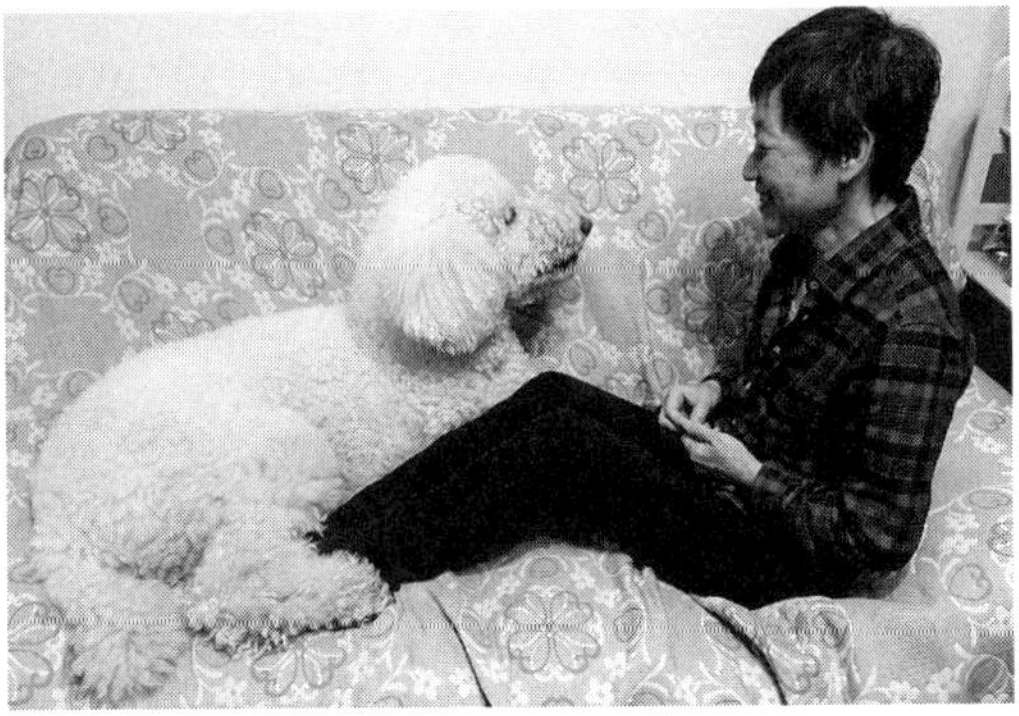

キクマルとの見つめ合い

次に、コギクとマギーの生後三ヶ月までの育ての親である、永澤美保氏らの研究(Nagasawa et

al. 2015）を紹介しよう。イヌと飼い主の人間は、互いに目を見つめ合うことによって、双方のオキシトシンレベルが上がるのだ。オキシトシンは、親密さに関わるホルモンである。オキシトシンが出ると、相手との親密さが増し、親密さが高いとより多くのオキシトシンが出る。イヌに見つめられると飼い主のオキシトシンレベルが上昇する。そうすると、飼い主は、イヌに対してより多くの愛情を感じる。そして、より高いレベルの愛情をもってイヌを見返す。すると、イヌの側もそれを感じて、イヌのオキシトシンレベルも上昇するのだ。こうしてフィードバック・ループが形成され、ますます互いに愛着を持つようになるのである。

イヌの祖先であるオオカミでは、このようなことは起こらない。やはりイヌは、ヒトによって家畜化される過程で、ヒトの出すコミュニケーション・シグナルに敏感に反応するように進化したのだろう。それはその通りだと実感する。キクもコギもマギーも、私のことをよく見ているし、そうやって見つめられると、私の方の愛情もドブドブと出てくるのである。こういうのを「親バカ」というのだろうが、事実そうなのだ。

オオカミの社会生活

ところで、イヌの祖先であるオオカミとは、どんな動物なのだろうか？　私もウィーン郊外のオオカミ研究所を訪ねたことはあるものの、本物の野生のオオカミの集団生活は知らない。そこで、いくつかの本を読んでみた。

それによると、オオカミとイヌの行動の根源は本当に似ている、というのが私の印象だ。たとえば、オオカミは、繁殖カップルであるお父さんとお母さんとその子どもたちで家族を作り、みんなで赤ちゃんを守る。カップルが作った前年の子たち、つまり、今年の子のお兄さん、お姉さんが群れに残って、次の子育てを手伝う。狩りで手に入れた肉を吐き戻して赤ちゃんに与える。赤ちゃんが独り立ちできるように、みんなでサポートする。赤ちゃんを外敵から守るためなら、みんなが身を挺する。

オオカミ研究所

そして、オオカミの群れのリーダーは、繁殖カップルであるお父さんだ。お父さんは、みんなに目配りし、今は何が必要かを判断し、みんなをある方向に導くこともある。しかし、ある状況で何をしなければならないかは、個々の個体がみなそれぞれに考えているようだ。家族は縄張りを持ち、それを守る。異なる縄張りを持つ、異なる家族どうしの間には強い競争関係があり、別の家族と縄張りの周辺で出会ったときには、赤ちゃんが敵に殺されてしまうかもしれない。そんなとき、上のお姉さんが率先して走りに走って、敵を別の方向におびき出して、赤ちゃんが隠れている巣を守ることもあるのだ。

こんなことを読むと、彼らは事柄の全体像を把握して、かなり高度な認知的判断をしているのではないかと思うのだが、どうなのだろう？　厳密に仕組まれた実験では、そこまでの認知的理解はないとされている。

しかし、オオカミの生活についての記録を読んでいると、ああ、これは本当にキクやコギたちのことだと思うことばかりだ。群れのリーダーは一頭だけ。それは、お父さんであるのが普通だ。このリーダーの地位を二頭以上が分け合うことはない。だから、うちのリーダーはどう見ても「おとん」（夫のこと）一人であり、私は絶対にリーダーの地位につくことはない。

また、コギクからすると、マギーはうちの「赤ちゃん」だ。だから、コギクは何があってもマギーを守ろうとするのである。マギーが何か悪さをして私が怒ると、コギクが必ずやってくる。「マギー！」という私の怒った声に反応して、マギー自身は正座し、頼まれてもいないのに「お手」をする。なんでも「お手」をすれば許されるってもんじゃないんですけどね。お金払えば済むと思ったら大間違いよ。

すると、その後ろにコギクがこれも正座して、「お手」をしているのだ！　「あのー、マギーが何か悪いことしましたでしょうか？」と言っているみたいだ。あんたは関係ないんですけど、コギちゃん優しいのね。

そして、ワンコプロレス。おもちゃをめぐる争いでも、おもちゃなしのただのレスリングでも、コギクはいつも途中から負けたふりをして遊んであげる。オオカミのお父さんがそうなのだと知って、私はすごく納得してしまった。オオカミのお父さんは、子どもたちと遊んであげるとき、しばしば、負けたふりをしておなかを出し、適当にいろいろなところを噛ませてやるのだそうだ。これこそまさに、コギクが毎日マギーに対してやっていることではないか？ 私たちはそれを見て、「またコギはでれでれしているよ」と思っていたが、これはオオカミから受け継がれている遊び方なのだろう。

こんな風に仲良く、互いに忠実に、全身全霊で遊び合っているのを見ると、彼らどうし、こうやってオキシトシンが全開になっているのだろうなと思う。オオカミは、それがオオカミどうしの間に限られたことなのだ。イヌでは、家畜化の過程でそこにヒトが入り、ヒトとイヌの間にも、同じようなオキシトシン全開回路ができた。だから、やはりオオカミは遠くで彼らどうしの関係を眺めてそっとしておくべきもの。イヌは、私たちの掛け替えのない仲間である。

イヌを契機に「母性行動」全開

キクマルが我が家にやってきたのは二〇〇四年の八月。生後三ヶ月のときだった。もともと、その年の二月に、私が東京大学農学部獣医学科で非常勤講師として集中講義をしたことがきっかけで、キクマルをもらい受ける話になったのである。ところが、その頃の私は早稲田大学政治経済学部に勤めており、渋谷区富ヶ谷のマンションとは別に、千代田区二番町のマンションに住んでいることが多かった。

そういうわけで、初めてキクマルを我が家に連れてくるときには、夫が一人で迎えに行った。その後も、私は、キクマルが二歳ぐらいになるまで、彼と長く一緒にいることはあまりなかった。キクは本当に綺麗で、性格も素直な良い子だった。イヌを飼うのが初めてということもあり、キクの体調に一喜一憂しながら可愛がった。それでも、真の意味で「子どもが可愛い」というような感覚を私は持てなかった。

こんなことを言っているのは、今、「子どもが可愛い」という感覚がどんなものか、私によくわかるからである。それは、キクではなくてコギクによって誘発されたのだ。その前と後では、「可愛い」という感情に雲泥の差があることを、今の私はよく知っている。

コギクは、二〇一五年の一月一日生まれ。その前年の秋にはもう、キクマルの姪っ子ジャスミンに子どもが生まれたら、一頭もらうことを決めていた。そのときには私は、早稲田大学から総合研究大学院大学に職場が移り、今度は、週の半分を葉山で暮らす生活だった。

コギクを迎えに行ったのは、二〇一五年三月二八日。このときは私も一緒だった。帰りの車の中では、最初はキクと同じく後部座席にすわらせていたが、キクがなんだか迷惑がってウーウーと唸る。それで、途中からコギクを前に移動させて、私が抱っこして帰ることになった。まだ小さくて（と言っても七・四キロ）、くるくるした毛が柔らかく、からだのぬくみが気持ちよかった。

こうして、富ヶ谷のマンションで、キクマルとコギクの二頭を飼う生活になった。しかし、富ヶ谷のマンションは、もともと、大型犬がダメなのに、キクマルを特別扱いで除外してもらって飼っていたのである。二頭となると、さすがに迷惑だろう。そんなとき、ほんの数百メートル先の、神山町のマンションが見つかった。大型犬でもなんでも、何頭でも飼ってかまわない。ただし、迷惑をかけない限り、という自由民主主義の権化のようなマンションである。

そこに引っ越したのが、二〇一五年の十二月。神山町のマンションの方が面積も広く、大型犬が二頭いても十分だ。まだ一歳にもならない小さなコギクは、やんちゃで、いたずらっ子で、言うことをきかない、キクマルとは正反対の「悪魔ぶり」を存分に発揮した。私の靴をかじる、置物を壊す、花瓶の花をバラバラにするなどなど、何度コギクを怒ったことか。ところが、ある日私は、コギクに対して深い深い愛情を感じている自分を発見したのだ。心の底から湧き上がってくるような温かい感情で、同時に、「この子は絶対に私が守るぞ」という決意のようなものも混じっていた。

今では、いつそんな感情を持つようになったか定かではないのだが、覚えているのは、コギクの「おいた」を叱ったあとで、シュンとしたコギクを抱いていたら、私の腕の中で寝てしまったことだ。そんなことが数回はあったと思う。そのときのコギの肌のぬくもり、スースーという寝息、すっかり信頼した様子で私の肩に頭をのせて眠っている無邪気な顔。そんなこんなの刺激が、私の脳に劇的な変化をもたらしたに違いない。それ以降、先ほど書いたような、深い深い愛情が生まれたのだ。

ところが、話はそこで終わらなかった。もっと重要なことが起こったのである。私はもともと、人間の小さな子どもがそれほど好きではなかった。できれば、かかわりを持ちたくないと思っていた。私たち夫婦に子どもはいない。二人ともずっと忙しく仕事をしてきており、研究生活に邪魔が入るのは嫌だということもあった。とくに子どもが嫌いだというわけではないが、飛行機や電車の中で小さな子どもが泣いていると、嫌だなと感じたものだ。

ところが、である。コギクに対して、深い深い愛情を感じるようになった後のある日の、逗子に行く湘南新宿ラインの中。同じ車両の少し離れた場所で、小さな子どもがむずかって泣いていた。かなり大声で泣き続けていた。私はと言えば、例によってパソコンを開いて仕事をしていたのだが、なんと、その泣き声を嫌だと思うどころか、「あれれ、あの子はどうしちゃったのかな？」と心配している自分を発見したのだ！

そして、泣いているその子の様子をこの目で見たいという欲求を感じた。少し離れているので、実際にどうしているのか見えないのがもどかしいのである。これには自分で自分に驚いたのだ。が、その後は、街中でも電車の中でも、小さな子どもが泣いているのに出会うと同じ感情にかられる。できれば、そばに行ってあやしてあげたいと思う。泣いていないなら、それで結構。どの子もみんな可愛いと思う。やれやれ、私って、こんな人間じゃなかったんだけどね。

「母性行動」発現の仕組み

子どもを欲しいとは思っていなかった、子どもは嫌いだと思っていた、という女性が、一旦自分の子どもが生まれると、心底可愛いと思うようになるというのは、よくある話だ。私たちの身近なところでも、そういう人はいる。それは、哺乳類の雌に備わった、脳の「お母さん回路」があるからだ。

脳科学でもっともよく研究されているのは、ラットだ。未交尾のラットの雌は、見知らぬラットの赤ん坊を見ると、怖がったり嫌がったりする。ところが、自分の子どもを産むと、赤ん坊をなめてグルーミングし、巣の外に転がり出れば回収し、ミルクを飲ませるという母性行動が自然に出てくる。では、この母性行動を発現させる仕組みは何なのか？

一九六〇年代に行われた研究（Rosenblatt, 1967）によると、未交尾のラットの雌が見知らぬ赤ん坊を見ると、初めは近づかなかったり、攻撃しようとしたりするのだが、一週間ほどの間に、だんだんにそのような反応が消えていく。そして、赤ん坊をなめる、回収する、実際には乳汁分泌がないにもかかわらず、授乳する姿勢をとる、などの「母性行動」が出現するのだ。だから、たとえ子どもを産んでいなくても、雌には「母性行動」の鋳型はすでに存在する。赤ん坊という刺激にさらされると、その鋳型が実際に動き出すのだ。

実際の母子関係では、赤ん坊は、母親が赤ん坊という刺激に慣れて「お母さん回路」を発露させるまで待ってはいられない。産み落とされた瞬間から、せっせといろいろな世話をしてもらわねば、哺乳類の赤ん坊は生き残れないのだ。

そこで、「お母さん回路」の発現は、妊娠中から着々と準備されている。妊娠初期からプロゲステロンというホルモンがだんだん増加する。プロゲステロンがやがて減少していくと、今度はエストロゲンが増えていく。エストロゲンは、プロラクチンとその受容体を増加させる。

プロラクチンは乳房では、母乳の産生を促す。また、プロラクチンは、子宮に働いてオキシトシンの受容体を激増させる。出産のときには、オキシトシンが子宮を収縮させて、実際に赤ん坊が生まれ出てくるようにさせる。

このプロラクチン、エストロゲン、オキシトシンというホルモンは、母親の脳にも働きかけ、その構造と配線を激変させる。そうして、母親に、子どもの世話をしたい、という欲求を生じさせるのだ。哺乳類の子どもには世話が必要で、親による世話がなければ死んでしまう。しかし、たとえそういう知識が母親にあったとしても、「世話をしたい」という欲求がなければ母親は世話をしない。そうさせているのが、プロラクチンとオキシトシンで、それらは、脳内の報酬系に働きかけるのだ。そうすると、母親は子どもの世話をしたいという欲求を持ち、実際に世話ができると、それは大変な報酬として心地よく感じられる。だから、どんどん世話をするようになる。

なんだ、そんなのはしょせんネズミの話ではないか、と軽んじてはいけない。このような生存と繁殖に直接かかわるところの脳の働きと内分泌の仕組みは、ラットでもサルでもヒトでも、基本的に同じなのだ。ヒトではもちろん、文化やら規範やらの認識による行動変容はあるが、仕組みの基本は同じなのである。

小さなコギクを抱いていた私の脳には、きっと同じことが起こったに違いない。コギクは私の「子ども」ではないし、ヒトですらない。しかし、未交尾のラットの雌が、見知らぬ赤ん坊と暮らしている間に、やがて母性行動を発現したのと同様に、私の脳内にもともと備わっていたものの、それまでは眠っていた「お母さん回路」が、コギクという刺激にさらされているうちに、活性化されたのに違いない。

ヒトである私が、ヒトではないイヌの子どもに愛情を感じ、母性行動を発現させても、進化生物学的にはなんの利益も効果もない。コギクをどんなに可愛がっても、私自身の繁殖成功度は上がらないからだ。しかし、コギクがきっかけで私の母性行動が発現されたのは事実である。こんなことを、進化的な「誤作動」と呼ぶ研究者は多い。しかし、本当に「誤作動」なのだろうか？

母性行動を引き起こす刺激と、それによって引き起こされる母性行動の仕組みを考えてみよう。刺激は、どれほど「ヒトの、自分の子ども」の刺激であると限定できるだろうか？　進化の仕組みは、何もかもを心得ている万能の神様が設計するのではない。だとすると、母性行動を引き起こす刺激として特定できるものと言えば、視覚、聴覚、嗅覚、触覚などの感覚刺激入力だろう。ラットでは嗅覚刺激は重要らしいが、ヒトの嗅覚はそれほど鋭くはない。だとすると、視覚、聴覚、触覚の刺激だ。

コギクの見た目はヒトとはずいぶん違う。でも、二つの丸い目が並んでいて、こちらをじっと見る、というのは同じだ。そして、ストレスを感じたときに出す、ヒーヒーという高い声。そして、生温かい体温とふっくらした触り心地。いつも足下にまつわりついて、こちらとの接触を求める行動。こんなことが直接の刺激なのだろう。そういう刺激が母性行動を活性化させ、普通は、それが自分の赤ん坊なのだ。

そして、多くの人間の親が私に教えてくれたところによると、自分自身の子どもが可愛いと思うようになると、よその子どもも同じように可愛いと思えるようになるようだ。もちろん、自分の子どもが一番可愛いし、もっとも強く保護したいと思うのは、自分の子である。しかし、町で見かけるどんな子どもにも愛情を感じ、それは、子どもがいなかったときには感じられなかったことだとみんな言う。現代の脳科学では、この、一般的な子どもに対する愛情と、自分自身の子どもに対する特定の愛情の双方が、脳画像の研究で示されている。

私の脳にも、きっとこんな変化が起こったに違いない。だから、今の私がコギクを見るときの脳活動を調べるとおもしろいだろう。ああ、しかし残念ですね。コギクを抱っこしてこうなる以前の私の脳活動の記録がない！

ヒトは共同繁殖

もう一つ、コギクの刺激でこれほど簡単に私の「母性行動」が発現してしまった背景には、ヒトという生物が共同繁殖の動物だということがあるに違いない。ヒトは、母親一人ではもちろんのこと、両親だけでも自分の子どもを育て上げることはできない。祖父母、兄弟姉妹、おじおば、近所の他人などなど、多くの人々がかかわって初めて子どもが育つ、行動生態学で言うところの共同繁殖の動物である。共同繁殖ができるためには、自分自身の子ども以外の子どもに対しても、可愛いという感情が引き起こされねばならない。だから、ヒトは、その閾値が低いのだと思う。

この点で、私の記憶にあるおもしろい出来事は、一九七四年、初めて野生のニホンザルの行動を観察していたときだ。二頭の母親がそれぞれに赤ん坊を抱えて座っていた。母親は暑い昼下がりに居眠りをする。赤ちゃんたちは、母親のもとを離れて一緒に遊んでいた。そのうちの一頭が、自分の母親ではない雌の方に近づいていった。私はと言えば、当然ながら、この母親はよその子に対しても愛情をもって接するだろうと思い込んでいた。ところがそうではなく、この雌は、よその赤ちゃんをかなり邪険に手で追い払ったのである。

この観察は、当時の私にとってはかなりショックだった。自分自身、よその赤ちゃんをとくに可愛いとも思わないのであったにもかかわらず、赤ん坊というものは、みんなで大事にされるものだと思い込んでいた。その大前提が、目の前のニホンザルの母親の行動によって否定された。そのときは、ショックというだけでやり過ごしてしまったが、考察が進み、ヒトは共同繁殖の動物であるということを認識するにつれ、当時のこの観察の意味を改めて深く思うのである。

二〇一九年の十二月に我が家にやってきたマーガレットちゃん（通称マギー）に対しても、私は、同じような深い深い愛情を感じている。先日、伊豆の別荘で、薪ストーブの薪の箱からムカデが出てきたことがあった。なんと、私が真っ先に感じたのは、「マギーが嚙まれないようにしなくちゃ」ということだった。私が、こんな風に反応するなんてね、昔では考えられないことです。

新型コロナウイルスの感染拡大で在宅勤務が増えた昨今、平日の昼間にマンションにいると、近所の子どもの声がする。これもまたよいな、と感じる私がいる。

第8章　イヌを飼うことと私たちのコミュニティ

「イヌ友」で変わる近所づきあい

キクマルはスタンダード・プードルである。我が家にもらわれてきた生後三ヶ月の時点ですでに結構大きかったが、その後もどんどん成長し、最終的には体高六九センチ、体重二五・五キロになった。これは、スタンプーとしてもかなり背が高い方で、実は、ショーに出るには大きすぎる、つまり出られない、ということらしい。

そんな大きなからだなのだが、キクマルは大変におとなしい、優しい性格で、イヌでも人でも、キクが誰かに嚙みつこうとしたり、いじめたりしたことは一度もなかった。小型犬と出会うと尻尾を振って「こんにちは」をし、一緒に遊ぶ。なんて良い子なんだろうと、「親バカ」丸出しで可愛く思った。

スタンプーは、水辺でカモ猟をするときの水猟犬であり、走るのが大好きだ。からだが大きいわりには食べる量は少ない。しかし、かなりの運動量が必要で、毎日、朝晩の長いお散歩が必須である。我が家は、幸い、代々木公園のそばなので、さっそく、代々木公園でのお散歩が日課となった。

代々木公園の早朝には、イヌを連れてくる常連さんたちがいて、そのコミュニティは今でも続いている。キクマルがやってきた二〇〇四年頃は、朝の五時半とか六時とかでは、リードを放して思う存分走らせることができた。もちろん、これは当時も違法であり、警備員さんに見つかると注意される。が、こんな早朝には、公園を散歩する人もほとんどいないし、警備員さんの見回りもそれほど頻繁ではないので、六時台までは、みんなよく放して走らせていた。

そのうち、いくつかのトラブルがあり、リードなしは全面禁止になった。そのかわり、公園の一画に柵で囲われたドッグ・ランが作られた。超小型犬用と小型犬用、大型犬用の三つがある。今では、リードなしで走らせるには、みんな、このドッグ・ランにやってくる。

さて、二〇〇四年当時、まだ小さかったキクマルを連れて夫が代々木公園デビューをしたとき、公園の早朝常連は、ルビーとアンバー、KZ（ケイジー）、レオくんとリンちゃん、ユズちゃん、などなどだった。ユズはイングリッシュ・コッカーで、眠たがり。すぐに座り込んで寝てしまう。レオくんはゴールデン・レトリーバー、リンちゃんはシーズーで、同じうちで飼われている。KZもゴールデン。ルビーとアンバーは、両方とも褐色のアイリッシュ・セッターで、ルビーが年上。アンバーはキクより五歳ほど年上で、このアンバーがキクを友達として受け入れてくれたことで、キクはすぐにも、公園早朝組の一員となることができた。

公園の「イヌ友」（2008年）
（左から）レオママ、ナナちゃん、リンちゃん、レオパパ、ラッキー、レオくん、キクマル、ラッキーパパ、ルビねえちゃん、ルビー

　イヌ友というのは、大変におもしろい人間関係だ。みんな、近所に住んでいるから公園にイヌを連れてくるので知り合いになる。関係性の鍵はイヌである。そこで、レオパパ、レオママ、ユズパパ、ユズママ、ルビとうさん、ルビかあさんというように、イヌの名前が主流であり、本当はどんな姓の人なのかは基本的に知らない。どんな仕事をしているのか、どこに住んでいるのかも知らない。私たちも、単にキクパパとキク

ママである。その中で、とくに人間どうしのつきあいにまで発展するきっかけのあった人たちだけが、姓名、職業、住所といった、人間の情報を交換し合い、イヌ以外の面でも交流を始めることになる。でも、そうではない人たちとの間でも、イヌ友であることには変わりはないのだ。

ところが、二代目のコギクは、キクマルとは性格がまったく異なる。全然おとなしくない、親の言うことをきかない、よそのイヌを見るとすぐに喧嘩をしかけて、自分の方が強いということを見せたがる。いつだったか、小型犬のジェロと喧嘩して、ジェロのお洋服を破ったことがあった。幸い、ジェロのパパはいい人だったからたいした話にはならなかったが、いつもこうはいかない。コギクが噛みついたワンコのうちに、私たちが菓子折りを持ってあやまりに行くなどなど、いろいろなことがあった。私たちが最初に飼ったイヌが、コギクのような性格だったら、ご近所との関係も違ったかもしれない。つくづく、キクマルは素晴らしかったと思う。

コギク「また爺ちゃんはよかったたって話かよ。オレ、知らねえよ。オレはオレだよ」

ルビーとアンバーのうちは特別

ルビーとアンバーのうちは、私たちのイヌ友づきあいの中で、非常に重要なハブの役割を果たしてくれた。ルビーとアンバーのうち、すなわち「ルビ・アンち」は、代々木公園のすぐそばにある新聞屋さんである。おとん、おかんに加えて、おねえ、太郎さん、次郎さんの三人の子どもがいる。今はそれぞれ結婚して子どもさんもいるので、たいした大家族だ。おまけに当時は、配達員の若い人たちを何人もかかえていて、朝刊の配達のあと、みんなに賄いの朝ご飯を食べさせていた。そこに、なんとうちの亭主も加わって、毎朝、ご飯を食べさせてもらっていた時期があるのだ！　先にも述べたように、当時、私は二番町のマンションにいることが多かったからだ。

コギク（右上）たちに囲まれるルビかあさん
白柴のアリーちゃん、黒ラブのポールくんと

ルビ・アンちの大家族は、晩ご飯も盛りだくさんである。そのお余りがみんな朝ご飯に出てくるので、朝から結構なご馳走だ。夫は豚カツやらハンバーグやらを朝から毎日食べさせてもらっていた頃、ずいぶん体重が増えた。あんなに毎日、朝晩のお散歩で運動しているのに、どうして体重が増えるのだろうと私は不思議に思っていたのだが、そういうことだったのだ。私が二番町のマンションを引き払い、富ヶ谷で一緒に暮らすようになってからは、私も、ときどき食べさせてもらった。レオパパ、レオママも、ときどき食べていたらしい。

そのうち、ルビ・アンちは配達員の賄いをしないことになり、この「大朝ご飯大会」のようなものは終了した。しかし、ルビ・アンちとは、なんだかんだといろいろなつきあいが、今でも続いている。要は、気が合ったのだ。私たちは、二人とも大学で働いていた研究者なので、普通で言えば、研究者仲間、大学関係者としかつきあいがない。住んでいるのが渋谷の富ヶ谷であっても、富ヶ谷の住人とのつきあいの接点など、ほとんどないのが現状であった。

ところが、イヌ友というご縁で、ルビ・アンちとおつきあいするようになった。そこで、お祭りである。毎年、九月の半ばに代々木八幡のお祭りがあり、それぞれの町内会がお神輿を出す。ルビ・アンちは神酒所の隣、そのお祭りの中心なのだ。焼きそばの屋台を出し、関係者のみなさんには豚汁をふるまう。もちろん、お神輿にも参加。私たちは、焼きそば屋台の手伝いをするなど、すぐにもこのお祭りに参加することになった。

お祭りのための奉納金も出資するのだが、その名義は「菊丸」である。寄付者の名前を書いた札が張り出され、そこに「菊丸」と漢字で書いてあるのを見ると、地域コミュニティの中にいるという実感が湧く。なんと言っても、こんなご縁を導いてくれたのはキクなのだから、イヌ友関係というのは素晴らしい。

お祭りの神酒所の前で、ご近所のみなさんと

お祭りの関係から、町内会の会長さんその他の人たちとも知り合いになった。会長さんはシュウちゃんという柴犬の飼い主で、ときどきお会いするのだが、キクマルがなぜかシュウちゃんと合わなくて、いつも仲良くできない。そういうわけで、一緒に長く立ち話というわけにもいかない。

こういう特別なイヌ友関係ではなくても、イヌつながりで人の輪は広がる。キクマルが特別に大きくて白くておとなしそうな、目立つイヌだということもあるが、キクを連れて歩いていると、よく人から話しかけられた。「大きいですねー」「まあ、可愛いですね」「なんという種類ですか?」「触ってもいいですか?」

という具合だ。こうして、普通は言葉をかわすこともないような人たちと話をし、それ以後、キクなしでも挨拶をかわすようになる。

子どもの学校を通じた地元のつながりというのも、重要な地域コミュニティの支え手であろう。しかし、子どもを通じた関係とイヌを通じた関係は、かなり性質が違うのではないだろうか？　私たちは子どもがいないのでわからないが、他者の話を聞いていると、やはり子どもは人間なので、成績だの、各家庭の事情だのが親どうしの関係に影響を及ぼす。ところが、イヌというのは、飼い主である人間のそれぞれの生活とは、まったく独立した存在でいられるらしい。やんちゃな子もおとなしい子も、お金持ちのうちの子も、はたまたホームレスが飼っている子も、みんな平等にイヌであるのだ。

アンバーは肺ガンになって、八歳で亡くなってしまった。よく一緒に遊んでくれたのに、余りにも早く急逝してしまい、大変なショックだった。上のルビーは、アンバーよりも気難しい性格だったが、積極的にキクと遊んではくれないものの、鷹揚に受け入れてくれた。そのルビーも亡くなり、今は、ルビ・アンちにイヌはいない。それでも、私たちのお付き合いは今もずっと濃く続いている。

現代の都市生活の特殊性

イヌ友関係を振り返ってみると、現代社会における私たちの生活の、ある種の異様さが見えてくる。私たちの多くは、働いている場所である職場と、寝ている場所である家庭が異なる地域にあり、職場の人間関係と地元の人間関係が異なる。農家やお店の人たちならば、職住近接なのだろうが、今や、とくに都市住民の大半が職住分離の状態にある。これは、実は奇妙で不便なことだ。昼間、働く場所まで電車などで移動し、そこでいろいろな活動をする。その間に築かれた人間関係は、非常に親密なものになり得る。しかし、勤務が終わるとまた電車などで移動し、家に帰る。休日は家で過ごし、食べ物などの買い物も家の近くだ。しかし、そこにはほとんど人間関係が存在しないのである。

職場ではいろいろな人間関係が築かれているものの、それぞれの人がそれぞれ自分の家のあるところに帰るので、家に帰ってしまったあとでは、物理的に離れてしまい、自分の暮らしというものの中で、職場の人間関係を用いて実際に助け合うことなど不可能に近いのだ。

最初にお話ししたネコのコテツくんが我が家に来てすぐ、私の祖母が亡くなり、夫婦で和歌山県に出かけねばならなくなった。さあ、コテツくんをどうしよう？　葬式なので、数日の泊まりがけである。幸い、あのときは、暮らしていたマンションが、職場である大学のすぐそばだったので、職場の同僚のネコ好きに頼んで、朝晩の面倒を見てもらうことができた。

　しかし、今はそうはいかない。私も夫も、職場と住居の位置はかなり離れている。そこで、私たちが二人とも泊まりがけで出かけねばならないときなど、このイヌたちはどうするか？　都会では、ペット・ホテルなどを利用する。つまり、お金を払ってサービスを買うのだ。ところが、ルビんちとの濃い関係ができて以来、とても困ったことがあると、ルビんちに電話をして助けてもらえるようになった。もちろん、なにもかも頼るわけにはいかないが、職場とは関係なく、地元で信頼できる関係を築くことができたのだ。

　ルビんちは大家族だし、たいていのことは自分たちでできるので、私たちがルビんちのためにしてあげることは、どちらかというと、その逆よりも少ない。でも、お祭りの手伝いをするとか、おとんの具合が悪いときにアドバイスするとか、「友達」でいることが大事なのだ。うちの別荘で柿や銀杏が山ほどとれたときには、それこそイヌ友みんなにおすそ分けする。他のイヌ友からもそんなやり取りがある。

　これは、本当に貴重なことである。と同時に、昔から、人間というのは、とくにイヌが取り持つわけではなく、地元で関係を築いて互いに助け合ってきたのだなと、人類学者として改めて思うのである。ヒトは社会生活を送り、一緒に暮らす人々との間で緊密な相互扶助関係を築いてきた。それは、金銭抜きの、お互い様の相互扶助行為であった。

しかし、産業の発展とともに暮らし方が激変した。そこでは、お金を稼ぐための職場と、食べて寝るための家庭とが分離し、暮らすための手助けを得ようとすれば、お金でサービスを買うしかない。そのお金を稼ぐために職場に通い、暮らしの場ではますます人間関係が築けない、ということの繰り返しなのか。イヌ友コミュニティは、こんなことを再考するきっかけとなってくれた。

コロナ禍で見えてきたこと

そして、二〇一九年暮れから始まったコロナ禍は、あらゆるところで日常生活が制限される事態をもたらし、私たちのさまざまな社会行動が激変した。この一年は、イヌ友たちとの食事会も飲み会も激減してしまった。その一方で、在宅勤務が増え、いわば、職住一致の時間が増えた。それによって改めて見えてきたこともたくさんあるのではないだろうか。もしかして、昨今、これが当然と考えられてきた都市生活の働き方全体が見直されることになれば、これは幸いだと私は思っている。

私はと言えば、もう、満員電車に乗って職場に通うなどということは、二度としたくない。

あれは、どう見てもおかしい。私はなにも、全員が在宅勤務にしようなどと言っているのではない。「満員電車で通う」ということは非人間的だからやめようと言っているのだ。みなさん、もうやめましょう。別の働き方にしましょう。その手段はある。これほど、オンラインの技術が進歩したのだ。これを駆使して、無理はやめよう。そうすれば満員電車ではなくなる。オンラインの会議や打ち合わせで、何ができるのか、何はうまくいかないのか、本当に対面で会って話さねばできないことは何なのか、今、みんながそれを学習しているところだと思う。その結論をもとに、もっと人間らしい働き方に変えていくべきだとつくづく思うのである。対面での会合がなくなることはない。職場に出かける仕事も絶対になくならない。それは絶対に必要だ。また、職場に出かけて行くという働き方自体が、悪い働き方だということではないだろう。ある意味、それは楽しいことでもある。でも、そうではなくてもできることがどれだけあるのか、それを、今は見極めている途上なのだろう。

そして、在宅勤務のあり方だ。在宅で仕事をするのは、簡単と言えば簡単だ。しかし、うまく仕事ができるためには、それなりに家の環境が整っている必要がある。広さもその一つ。個人が独立して仕事をすることのできる閉じたスペースがあることもその一つ。これまでの働き方では、家というものを、単に仕事から帰って寝るだけのところのように考えていたふしはないか。でも、コロナ後では、そうはいかない。家は、仕事の半分くらいはするところなのだ。

と言うか、仕事と家庭は本来一体なのだ。そうだとすると、家の選び方も変わるだろう。家の設計も変わるだろう。そして、ワンコたちとの暮らし方も変わるのではないだろうか。

こうして、これまでの都市での働き方が当たり前だと思っていたことを見直す機会ができた。これまでのやり方が人類進化史で出現したのは、一九六〇年代ごろという、ごくごく最近のことに過ぎないのだ。それが最善であるなどということは、もちろんない。行きがかり上、こういう風になってきただけだ。みんながそれにストレスを感じていたとしても、見直すチャンスがなかった。今回のコロナ禍は、これまでのやり方をご破算にして、私たちは何を幸せと思うのかについて、ゼロから考え直すよいチャンスなのではないかと、私は思う。その中で、イヌとのつきあい、イヌを介した人間どうしのつきあい、イヌと共にある暮らしのあり方について、新しい広がりが出てきてくれれば嬉しい。

先日、キクマルちゃんの三回忌で、久しぶりにイヌ友数人と集まった。コロナ禍の状況だから、一緒に集まりたい友達みんなを呼ぶことはできず、ごく小さな集まりになった。でも、本当に楽しかった。キクマルよりも少し前に亡くなってしまった、グーちゃんの三回忌もかねて、みんなでお話しした。人間は、やはり、集まって、一緒に飲み食いして、話して、感情を共有するのが必須な生き物なのだと、つくづく再認した次第である。

別荘でとれた柿とキクマル

おとんの視点から

社会の中のイヌ

――ヒト―イヌ関係再考

長谷川寿一

学部長犬キクマル

キクマルが我が家に来る前の私の生活圏は、大きく分けて大学と家庭の二つだった。自宅から大学の研究室に行き、講義をし、学生を指導し、会議に出て、家に帰って妻と過ごす。ときには地方や海外に学会出張に出かけたり、講演したりもするが、概ね一般的な大学教員の生活である。

キクマルのあくび

ところが、キクマルが来てからというもの、第三の生活圏が生まれた。キクマルが介在するヒト－イヌ生活圏である。季節によって前後するものの五時半から七時半までの朝の散歩（飼主用語では「朝《あさ》ん歩《ぽ》」）、これはもっぱら私の担当だ。共働きなので夕方の散歩はドッグ・シッターの千晶さんにお願いするが、午後十時前後の夜のプチ散歩は私。第8章で眞理子が書いたように、キクマルとの散歩を通じて、地元の飼主コミュニティ（イヌ友）との絆ができ、さらにイヌの行動圏、具体的には町内会や商店街での人々との多様なコミュニケーションが生まれた。代々木八幡の例大祭にはキクマル（菊丸）の名前で寄付を奉納したり、キクを看板犬に露店の焼きそば作りを手伝ったりといった案配だ。初老男性が一人で道を歩いていて、見知らぬ人が声をかけてくることは皆無だが、キクと一緒だと頻繁に会話が弾む。

キクマルはイヌの認知実験の被験体として研究室（東京大学教養学部）にも「出勤」し、実際いくつもの実験に参加した。スペインからのポスドク、テレサ・ロメロさんが立案したヒト－

イヌ間のあくびの伝染に関する研究では、実験に参加しただけでなく、論文発表時のプレスリリースではキクのあくびがフィーチャーされた。

キクマルが大学の研究室に通うことが日常になり、私が副学部長になってからはキクも学部長室に同伴するようになった。もし誰かからクレームがきたら止めようと思っていたが、問題は一切起こらなかった。むしろ学部長室を訪れる教職員のみなさんがほっこり笑顔で声をかけてくれ、場の雰囲気が和む。私が学部長になってからも、多くの会議にキクマルはおとなしく陪席した。今思えば、あれはキクの人徳、いや犬徳で、落ち着きのないコギクやマギーではあのように振舞えなかっただろう。ともあれ、キクマルは立派に学部長犬の役割を果たした。

イヌの起源、ヒトとオオカミの出会い

さて、歴史的にヒト―イヌ関係を振り返ると、イヌは最古のコンパニオン動物である。他の家畜であるネコ、ヤギ、ヒツジ、ウシ、ブタといった動物は、どれも人類が農耕・牧畜を開始した一万年前以降に飼い馴らされたが、イヌはそれ以前の狩猟採集時代からヒトの相棒だった。祖先種であるタイリクオオカミからイヌが生まれた時期については、従来、最終氷期が終わり、寒さが緩み始めた約一万五〇〇〇年前以降だと考えられてきたが、近年、考古学と遺伝学のア

プローチから新たな発見が続き、最終氷期のピーク以前の三万年以上前の旧石器時代だった、とも言われるようになった。

考古学では、デンマークのゴイエ洞窟で、三万六〇〇〇年前と推定されるイヌの特徴を有する頭蓋が発見された。またシベリアのラズボイニクヤ洞窟で四〇年程前に発掘されたイヌらしき頭蓋も、最新の年代測定により三万三〇〇〇年前のものと判明した。どちらもオオカミよりはイヌに似て、鼻が短く幅広な特徴を有している。ただし、これらのイヌらしき動物（オオカミイヌ）が現在のイヌの直接の祖先かどうかについては議論が続いている。

遺伝学のアプローチには、世界各地のイヌの遺伝的変異から系統図を復元する分子遺伝進化研究や、化石化した骨などに残る組織片からダイレクトに遺伝情報を読み取る古代DNA研究、ゲノム塩基配列の一塩基の多様性を調べるSNP解析などさまざまな方法があり、これらを組み合わせた研究も盛んである。イヌがオオカミから分岐した年代については、四万年前まで遡る研究もある一方で、一万五〇〇〇年前以降とする研究もあり、年代幅が大きい。

シップマンは『ヒトとイヌがネアンデルタール人を絶滅させた』（二〇一五）において、四万年前頃、ネアンデルタール人と新参のサピエンス人の交替がきわめて短期間に生じたとし、その理由は、オオカミイヌと連帯したサピエンス人が、マンモスのような大型獣を狩猟する効率においてネアンデルタール人をはるかに上回り、あたかも現代の侵略的外来種のように一気にネアンデルタール人を駆逐したからだと論じている。この説は興味深くいろいろ想像をかき立てるが、確実な直接証拠が少なくまだ仮説の域を出ない。

イヌの起源について、近年の研究のごく控えめな結論として、少なくとも最終氷期以降の狩猟民たちはオオカミから派生したイヌと共生していた。時期はともあれ、狩猟民とオオカミとの出会いこそがヒト―イヌ関係の原点であることはほぼ間違いないだろう。

イヌ以外の家畜は、一般に、ヒトが捕獲してきた野生種を飼育し家畜化してきた。が、イヌの場合は少し事情が異なり、祖先種のオオカミの方から狩人に近づいてきた可能性が高い。オオカミにとってはヒトが狩った獲物の残骸が魅力であり、それに魅かれて残飯漁りをするようになった。そんなオオカミをヒトが徐々に許容するようになり、さらに狩りのときにヒトとつかず離れずのオオカミがいると、獲物の発見や追跡などで狩猟効率が高まった。両者の利害が一致して、両種の間で共生が始まったというのが出会いの始まりのシナリオである（ロバーツ、二〇二〇）。

猟犬としてのイヌ

猟犬と狩りをするヒトのより具体的な関係については、現代の伝統社会の狩猟民や日本の猟師の参与観察から多くを知ることができる（大石・近藤・池田、二〇一九）。

文化人類学者の池谷和信氏は、狩猟採集民としてよく知られ、ボツワナのカラハリ砂漠に暮らすサン（ブッシュマン）に弟子入りし、狩猟においてイヌが果たす役割を詳細に報告している（池谷、二〇一九）。サンの狩猟は、対象となる獲物や道具などによっていくつかの種類に分けられるが、イヌの貢献がもっとも大きいのは、大型の有蹄類（アンテロープ）を、槍を用いて狩る犬槍猟である。男性のハンターたちが複数のイヌと共に獲物を執拗に追跡する。イヌは発見した獲物に吠えたてて動きを止めたり、実際に攻撃をしかけたりする。獲物は一度の槍では倒れないので、追跡は数日に及ぶことすらある。ヒトとイヌは持久力のある哺乳類という点で名コンビなのだ。サンの猟犬には名前がつけられ、それぞれ個性があり、猟に向くイヌもいればそうでないイヌもいるという。過酷な追跡の中で猟師とイヌの間の親密な関係が記録されているが、キャンプで猟に行きたがらないイヌが殺される事例なども報告されている。

池谷（二〇一九）は、世界各地の伝統社会の狩猟におけるイヌの貢献度もレビューしているが、猟犬によって狩猟効率が上がる場合もあれば、そうでない場合もあり、狩りの対象や方法によってそれぞれであるという。イヌを飼うにはそれなりにコストもかかることもあり、狩猟民とイヌの関係は一言ではくくれず多様であるとのことである。

状況によってヒト―イヌ関係が変わることは、宮崎県椎葉村の猟師の参与観察でも報告されている（合原、二〇一九）。イヌが飼育される里では、イヌはいつもつながれたままで、今日の都会のイヌのように散歩に連れて行かれることもない。このように猟犬と猟師との交渉は概して里では希薄だが、山に入って危険な共同作業をする現場では一転し、両者に強い絆が生まれ、あたかも戦友のように振舞う。イヌが手負いになった場合には手厚く看病され、猟を止めてでも獣医のもとに運ばれ、高額の治療を受ける。不運にもイノシシに殺されたイヌはコウザキ様として山に祀られる。

アフリカのバカ・ピグミーにおいても、定住地の村と、共に狩猟活動を行なう森の中では、ヒト—イヌ関係が大きく変わる。定住集落ではイヌは食事泥棒として暴力的制裁を加えられることがしばしばだが、森では狩猟の仲間として人並みに扱われる（大石、二〇一九）。

振り返ってわが家でも、一緒に狩りをするわけではないが、イヌとの一体感を一番強く感じるのは、野山で歩みを合わせる散歩のときと自然の中で一緒に遊ぶときである。ウマでも人馬一体という言い回しがあるが、動作や目的を共有する状況でヒトと動物の絆が強まることは、大いにありそうなことである。

ヒト―イヌ関係の文化差

ヒト―イヌ関係が状況により変わることは前述したが、文化差もまた大きい。ヒトは文化的多様性が豊かな点で、動物界でも特異な存在だが、イヌの仕事やヒト―イヌ関係も、人間文化の影響をきわめて強く受ける（大石・近藤・池田、二〇一九）。

眞理子と私が以前、フィールドワークで訪れたスリランカの農村部では、ほとんどのイヌに特定の飼主がいなかった。リードも首輪もないいわゆる野犬で、人の集落の周りを、たいていは群れてうろつき家々の残飯を漁っていた。幹線道路でイヌがごろごろと横たわっているのも日常風景だった。バルセロナでの国際イヌ学会では、スリランカは飼主がはっきりしない放浪犬の比率が九割にも上り世界一だという発表があり、やはりと納得したことを憶えている。東南アジアと違って、スリランカ人には犬食習慣はない。スリランカのヒト―イヌ関係は、一言で言えば大変に緩く、イヌは勝手気ままに暮らし、仕事らしい仕事はないように思えた。あるとすれば、村の番犬ということだろうか。

我が国でも柳田國男は、『豆の葉と太陽』「白山茶花」の中で、「私などの生れた村では、村の狗《いぬ》といふのが四五匹は常に居たが、狗を飼って居る家は一軒も無かった。彼等の食物は不定であり、寝床も自分の癖だけできめて居た」と述べている（柳田、一九九八）。日本でも戦前まではこのように飼主のいない「村の犬」が普通だった。

野生チンパンジーの調査でのべ約三年間を過ごした東アフリカのタンザニアでは、そもそも町や村でイヌの影が非常に薄かった。私たちが暮らしたタンガニーカ湖畔の辺境の村には、飼犬も村犬も一頭もおらず、月に一度買い出しに行く地方都市でもめったにイヌは見かけなかった。スワヒリ文化圏はイスラムの影響がきわめて強い。イスラム社会ではムハンマドの教えによりイヌが不浄の動物とされる。そのことがイヌ不在の原因だったのだろう（余談だが、ムハンマドの言行録ハディースにはネコを褒め讃える記述が多く、タンザニアの田舎でもネコは多く見かけた。プロローグにあるように、我が家でも現地の人から譲り受けたネコを飼っていた）。

他方、国際学会等で訪れたブダペストやウィーン、ベルリンなど中欧の国々では、飼主とイヌの関係が緊密だった。イヌに対するしつけも非常に行き届いていて、イヌは街の地下鉄や路面電車、バスに普通に乗れるし、長距離列車も乗車ＯＫである。ＥＵ圏にはイヌ用のパスポートがあり、パスポートを見せればホテルに問題なく泊まれるとのことだ。イヌ同士が出会っても、攻撃的なやり取りはなくいたって平和である。イヌがヒト社会にごく自然にとけ込んでおり、まさにコンパニオン動物という言葉が相応しい文化である。ドイツでは非目的税の犬税が課せられていることはよく知られており、イヌが「市民権」を獲得しているとさえ言える。

ただし、そのようなヨーロッパにおいても、一九世紀前半まではイヌは闘犬に使われ、イヌを虐待する記述や描写が多く残されている。動物愛護の運動や制度整備がようやく進んだのは一九世紀の半ばからだった。ダーウィンはちょうどその時期に進化理論を世に問い体系化したが、タウンゼンドの近著では、ダーウィンが愛した犬たちが、進化論を支えた陰の主役として描かれている（タウンゼンド、二〇二〇）。

イヌの仕事

他の家畜と比べて、イヌはヒトとのつきあいが長いだけでなく、仕事の種類においても格段に多様である。他の家畜の用途や役割といえば、食用（肉や乳、卵など）、移動・運搬・労働力、毛や毛皮の生産、愛玩対象、実験動物などが挙げられる。ウシ、ウマ、ブタといった個々の動物について見ると、その役割はそれぞれ特化している。

対してイヌの仕事といえば、ペット以外でも、猟犬、番犬、そり犬、牧羊犬、軍用犬、探知犬、警察犬、災害救助犬、盲導犬、セラピー犬、会社犬、学校犬と実に多様である。東アジアや東南アジアでは食用犬として飼われるイヌも数多い。また一口に猟犬と言っても、追跡犬や回収犬など犬種によって役割は多彩である。

最初に述べたように我が家のキクマルは学部長犬として活躍したが、アメリカのＩＴ系企業では、ドッグフレンドリーな会社が多く（その代表がGoogleやAmazon）、イヌとの同伴通勤が許されている。Googleの行動規範の中には、ドッグポリシーという項目があり、そこには「犬の友達に対するGoogleの愛情は、私たちの企業文化の不可欠な側面です。私たちは猫が好きですが、私たちは犬の会社なので、原則として、私たちのオフィスを訪れる猫はかなりストレスを感じるでしょう。ただし、犬の同伴者をオフィスに連れて行く前に、犬のポリシーを確認してください」（Google翻訳ママ）と記されている。細則までは確認できなかったが、同僚の了解を得ることや同僚に迷惑をかけないことが同伴出勤の条件なのだろう。愛犬がそばにいれば、多少の残業も気にならず、仕事の効率も上がるはずである。

我が国でも、一九九一年以来、日本オラクル株式会社では社員犬のキャンディ（オールドイングリッシュシープドッグ、今は四代目）が出勤している。ただ、Googleの同伴犬とは違い、キャンディは特定の社員の飼犬ではなく、オフィスの空気を和らげることが仕事の派遣犬である。観葉植物や熱帯魚と同じような職場の飾り犬と言えなくもない。Googleと比べると、我が国では「企業文化の不可欠な要素として」イヌに愛情を注ぐことはまだ十分に根付いていないようである。

今日の日本では、イヌの仕事は猟犬や番犬だったりすることもあるが、もはやそのほとんどがペットと言っても過言でない。少子化が進むなか「少子多犬」「イヌはかすがい」などと揶揄されるほど、イヌはネコと並び家族の一員、とくに子どもの代役として大きな役割を果たしている。イヌへの思いが強くなればなる分、イヌが亡くなったときのペットロスが深刻になる。その悲しみが余りに大きいので、もう二度とイヌを飼えないという飼主も多い。

我が家も例外ではなく、キクマル、コギク、マギーを「うちの子」と呼んで家族扱いしている。ただし、他のお宅に比べると、一方的な溺愛の対象というわけでもない。三頭それぞれ個性があり、キクマルは「相棒」、コギクは「不肖の息子」、わがままマギーは「可愛い孫娘」といったところだろうか。キクマルが亡くなったとき、もちろん喪失感は大きかったが、天寿を全うしてくれたこともあって、感謝の意とともに見送ることができた。コギクが残っていたので深刻なペットロスも起きなかった。

コンパニオン・スピーシーズ

文化人類学者でありフェミニズム科学史家、愛犬家でもあるダナ・ハラウェイは、ヒトとイヌを合わせて、コンパニオン・スピーシーズと呼んだ（ハラウェイ、二〇一三）。邦題は『伴侶種宣言』である。一般に、伴侶動物というと、ペット（飼主から一方的愛情を受ける所有動物）以上にヒトと関わりの深い動物、家族扱いされる動物種というイメージだが、ハラウェイの主張は、ヒトからイヌを見る視点だけでなく、イヌから見てもヒトは特別な存在という点がユニークである。

池田（二〇一九）は、ハラウェイの言う「コンパニオン」に夫婦関係というジェンダーバイアスを連想させる「伴侶」という訳を当てるのは不適切であると述べた上で、コンパニオンは、連帯感、くつろぎ感、苦楽を共にする同僚にあたると述べている。先に私はキクマルのことを「相棒」と呼んだが、キクマルの方も、たしかに私の一挙手一投足に気遣っていた。少なからぬ飼主さんは、イヌがストーカーみたいと感じているが、ヒト―イヌ関係はヒト―ネコ関係と比べてはるかに相互作用が豊かである。

学部長室にて、「相棒」キクマルと

前述の、獲物を共に追うイヌと猟師の関係も、同僚や相棒という表現が相応しい。双方向的なコンパニオン・スピーシーズというあり方は、ヒト―イヌ関係のひとつの究極のかたちと言えるだろう。

もっとも、イヌが実際どこまでヒトと苦楽を共にしているかについては、議論のあるところだ。動物心理学で、飼犬が苦痛状態の（演技をする）飼主を救護するかどうかについていくつもの実験が行なわれたが、その結果はほとんどネガティブである。他方、救護訓練を受けていないイヌが、さまざまな人助けをするエピソードは数多い。イヌはヒトの振舞いに関心を寄せるが、ヒトの内的感情まで理解してはいないのだろう。

また、イヌを虐待するエピソードは今でも後をたたず、イヌ肉食が食文化として根付いている国も少なくない。双方向性という特徴を有するものの、ヒトがイヌを支配し搾取する構図は容易に崩れない。イヌとヒトが真に対等な関係になる日は永遠に来ないのかもしれない。

しかし、そんななかでも、イヌはしたたかにヒトとの関係を築こうとする。本書で紹介してきたように、行動学や認知神経科学の研究成果から、イヌがヒトとの関係でさまざまな特別な能力を獲得してきたことが次々と明らかになってきた。現代社会の趨勢としては、動物愛護制度がゆっくりではあるが確実に整備され、動物介在教育・介護などの効用が広まりつつある。

この先、ヒト―イヌ関係がますます緊密になるだけでなく、イヌを介して人間同士の社会関係が豊かになることを願って、愛犬家としての結びの言葉としたい。

「朝《あさ》ん歩《ぽ》」スタイル　左がマギー、右がコギク
撮影：Andrea Belvedere（アリーパパ）

長谷川寿一（はせがわ　としかず）

独立行政法人 大学改革支援・学位授与機構理事。
東京大学名誉教授。専門は人間行動進化学、行動生態学、進化心理学。愛犬家、著者の夫。

あとがき

この原稿を書き始めたのは、一年以上前であった。あれからいろいろなことが起こり、イヌたちも成長した。伝説的名犬のキクマルは大往生し、ほんの赤ちゃんだったコギクはもう六歳、さらに赤ちゃんだったマギーも、そろそろ二歳になる。

マギーといえば、避妊手術が終わり、今は傷跡も治って元気にしている。避妊手術が終わった日、病院から帰ってきたマギーの憔悴した様子は、今でもよく覚えている。この世の終わりのような顔をして、やっとここまでたどりついたかのように、ソファに倒れ込んでいた。これで自分の赤ちゃんを持つという可能性が消えたことを理解してはいないだろう。しかし、それがわかっているこちらとしては、思うところ大有りである。

二日ほどで元気になったマギーは、相変わらず、お兄ちゃんに絡んでは、ひどい顔をして疑似喧嘩のワンプロをしている。ご近所のみなさんとも仲良くし、平穏な毎日だ。マギーはこれからどんなおとなになるのか、楽しみだ。

「進化生物学者がイヌと暮らして学んだこと」というのが、本書のオリジナルのアイデア

（ウェブ連載時のタイトル）だった。その通り、私たちは大いにいろいろなことをイヌたちから学んだ。進化生物学は、この地球上の生物がどのようにして、現在見られるような生物になったのかを探る学問である。しかし、「生物」と一言で言うが、生物は、三八億年ほど前に一つのものから出発したとしても、その後、何百万種にも分岐し、それぞれが独自の形態を持ち、独自の生き方を展開している。そのすべてを知りたいのはやまやまだが、人間の限られた頭脳と限られた経験の範囲では、すべての生物について想像を働かせることはできない。

「はじめに」でも述べたように、私たちは、もともと自然人類学と心理学が出発点だったので、ヒトという生物の進化を知りたい。そうすると、どうしても、ヒトに近縁な生物ということで霊長類の生態と行動を知ることが必須となる。私たちも、ニホンザルやチンパンジーの生態と行動を研究し、それなりにいろいろな知識を得てきた。

しかし、「ヒトの進化」という、分類群に固定した問題設定ではなく、「社会性の進化」というように、生物の持つ一つの性質の進化を考えようとすれば、別に霊長類に限ることはないのだ。それを言えば、アリやハチなど、社会性昆虫というものがいる。これらについてもずいぶんたくさんの研究が蓄積されてきたが、なにしろ、彼らは、置かれている条件が私たちとは異なる。遺伝の様式も、社会の中での個体間の血縁関係も、互いを認識して行動を制御する神経メカニズムも、あまりにも私たちとは異なるのだ。

社会性の進化を、抽象的なレベルで論じるときには、もちろん、社会性昆虫の行動生態も重要なのだが、私たちヒトの現状と将来を考えるには、少し遠過ぎる。鳥類や魚類もおもしろいに違いないが、私はまだよく知らない。しかし、同じ哺乳類であるイヌたちからは、私たちヒトに直結する事柄もたくさん学べると思う。そんな示唆の一端が、本書に表されていれば幸いである。

社会とは、異なる個体が集まって、それぞれに利害対立をかかえながらも、全体としては一緒に暮らすことのメリットの方が大きいので維持されている実体だ。そこに内包されているさまざまな利害対立をどのようにして解決するのか。この問題は、これからの私たちにとってもっとも重要な問題なのではないかと思う。私たちがどんな生物なのかを知るとともに、私たち以外の生物を知ることによっても、この問題の解決を探る一助が得られればよいなと、期待している。

最後に、他種の生物といっしょに暮らす最初の経験を共にした、アフリカのネコのアビちゃんと、私たちの人生の重要な時期をいっしょに過ごしたコテツくんに感謝したい。そして、私たちと人生の一時期を共有し、いろいろなことを教えてくれたキクマル、現在も教えてくれているコギクとマギーに感謝したい。また、これまでの人生の大半を共にし、人生を楽しいものにしてくれるとともに、私が人間に対する考察を深めることに大いに貢献してくれた、夫の寿一（通称、おとん）にも感謝したい。

そして、世界思想社の吉本眞紀子さんには、最初から最後までお世話になった。こんなことを書くきっかけを与えてくださったことから、最後の校正まで、本当にお世話になりました。キクも感謝していることでしょう。

二〇二一年八月二二日

長谷川眞理子

社会の中のイヌ —— ヒト—イヌ関係再考（長谷川寿一）

パット・シップマン著、河合信和監訳・柴田譲治訳 (2015)『ヒトとイヌがネアンデルタール人を絶滅させた』原書房.（Shipman, Pat (2015) *The Invaders: How humans and their dogs drove Neanderthals to extinction.*）

アリス・ロバーツ著、斉藤隆央訳 (2020)『飼いならす——世界を変えた10種の動植物』明石書店.（Roberts, Alice (2017) *Tamed: Ten species that changed our world.*）

大石高典・近藤祉秋・池田光穂編 (2019)『犬からみた人類史』勉誠出版.

池谷和信 (2019)「犬を使用する狩猟法（犬猟）の人類史」大石高典・近藤祉秋・池田光穂編『犬からみた人類史』勉誠出版、46–67頁.

合原織部 (2019)「猟犬の死をめぐる考察——宮崎県椎葉村における猟師と猟犬の接触領域に着目して」大石高典・近藤祉秋・池田光穂（編）『犬からみた人類史』勉誠出版、198–213頁.

大石高典 (2019)「カメルーンのバカ・ピグミーにおける犬をめぐる社会関係とトレーニング」大石高典・近藤祉秋・池田光穂（編）『犬からみた人類史』勉誠出版、170–197頁.

柳田國男 (1998)「豆の葉と太陽」『柳田國男全集12』筑摩書房、197–356頁.（初出は1938「白山茶花」）

エマ・タウンゼンド著、渡辺政隆訳（2020）『ダーウィンが愛した犬たち——進化論を支えた陰の主役』勁草書房.（Townshend, Emma (2009) *Darwin's dogs: How Darwin's pets helped form a world-changing theory of evolution.*）

ダナ・ハラウェイ著、永野文香訳（2013）『伴侶種宣言——犬と人の「重要な他者性」』以文社.（Haraway, Donna Jeanne (2003) *The companion species manifesto: Dogs, people, and significant otherness.*）

池田光穂 (2019)「イヌとニンゲンの〈共存〉についての覚え書き」大石高典・近藤祉秋・池田光穂（編）『犬からみた人類史』勉誠出版、432–453頁.

−750.

第3章

Parker, H. G., Kim, L. V., Sutter, N. B., Carlson, S., Lorentzen, T. D., Malek,T. B., ... Kruglyak, L. (2004) Genetic structure of the purebred domestic dog. *Science* 304: 1160−1164.

Botigué, L. R., Song, S., Scheu, A., Gopalan, S., Pendleton, A. L., Oetjens, M., ... Veeramah, K. R. (2017) Ancient European dog genomes reveal continuity since the Early Neolithic. *Nature Communications* 8: 16082.

パット・シップマン著、河合信和監訳・柴田譲治訳 (2015)『ヒトとイヌがネアンデルタール人を絶滅させた』原書房.（Shipman, Pat (2015) *The Invaders: How humans and their dogs drove Neanderthals to extinction.*）

Sutter, N. B., Bustamante, C. D., Chase, K., Gray, M. M., Zhao, K., Zhu, L., ... Ostrander, E. A. (2007) A single *IGF-1* allele is a major determinant of small size in dogs. *Science* 316: 112−115.

Gray, M. M., Sutter, N. B., Ostrander, E. A., & Wayne, R. K. (2010) The *IGF-1* small dog haplotype is derived from Middle Eastern grey wolves. *BMC Biology* 8: 16.

第5章

嘉悦洋著、北村泰一監修 (2020)『その犬の名を誰も知らない』ShoPro Books.

どうぶつ出版社編集部編『犬の医・食・住』どうぶつ出版.

第7章

Hare, B., Brown, M., Williamson, C., & Tomasello, M. (2002) The domestication of social cognition in dogs. *Science* 298: 1634−1636.

Nagasawa, M., Mitsui, S., En, S., Ohtani, N., Ohta, M., Sakuma, Y., ... Kikusui, T. (2015) Oxytocin-gaze positive loop and the coevolution of human-dog bonds. *Science* 348: 333−336.

エリ・H・ラディンガー著、シドラ房子訳 (2019)『狼の群れはなぜ真剣に遊ぶのか』築地書館.（Radinger, Elli H. (2017) *Die Weisheit der Wölfe: Wie sie denken, planen, füreinander sorgen. Erstaunliches über das Tier, das dem Menschen am ähnlichsten ist.*）

Rosenblatt, J. S. (1967) Nonhormonal basis of maternal behavior in the rat. *Science* 156: 1512−1513.

参考文献

プロローグ

コンラート・ローレンツ著、日高敏隆訳 (1963)『ソロモンの指環』早川書房.（Lorenz, Konrad (1949) *Er redete mit dem Vieh, den Vögeln und den Fischen.*）

第1章

Mischel, W., Ebbesen, E. B., & Raskoff Zeiss, A. (1972). Cognitive and attentional mechanisms in delay of gratification. *Journal of Personality and Social Psychology* 21(2): 204–218.

Shoda, Y., Mischel, W., & Peake, P. K. (1990). Predicting adolescent cognitive and self-regulatory competencies from preschool delay of gratification: Identifying diagnostic conditions. *Developmental Psychology* 26(6): 978–986.

Watts, T. W., Duncan, G. J., & Quan, H. (2018) Revisiting the Marshmallow Test: A conceptual replication investigating links between early delay of gratification and later outcomes. *Psychological Science* 29(7): 1159–1177.

Galef, B. G. Jr. (1996) Food selection: Problems in understanding how we choose foods to eat. *Neuroscience & Biobehavioral Reviews* 20(1): 67–73.

Axelsson, E., Ratnakumar, A., Arendt, M. L., Maqbool, K., Webster, M. T., Perloski, M., ... Lindblad-Toh, K. (2013) The genomic signature of dog domestication reveals adaptation to a starch-rich diet. *Nature* 495: 360–364.

McGann, J. P. (2017) Poor human olfaction is a 19th-century myth. *Science* 356: eaam7263.

リチャード・ファインマン著、大貫昌子訳 (1986)『ご冗談でしょう、ファインマンさん』岩波書店.（Feynman, Richard Phillips (1985) *Surely you're joking, Mr. Feynman!*）

パトリック・ジュースキント著、池内紀訳 (1988)『香水――ある人殺しの物語』文藝春秋.（Süskind, Patrick (1985) *Das Parfum.*）

第2章

チャールズ・ダーウィン著、長谷川眞理子訳 (2016)『人間の由来』講談社.（Darwin, Charles (1871) *The Descent of Man, and Selection in Relation to Sex.*）

Wynn, K. (1992) Addition and subtraction by human infants. *Nature* 358: 749

長谷川眞理子（はせがわ　まりこ）

1952年東京都生まれ。専門は行動生態学、自然人類学。野生のチンパンジー、イギリスのダマジカ、野生ヒツジ、スリランカのクジャクなどの研究を行なってきた。現在は人間の進化と適応の研究を行なっている。総合研究大学院大学学長。イヌと暮らしたことにより、世界が一変。今や、イヌもヒトも魚も、子どもはすべて可愛い。
おもな著書に、『科学の目　科学のこころ』（岩波新書）、『進化とはなんだろうか』（岩波ジュニア新書）、『生き物をめぐる４つの「なぜ」』『ダーウィンの足跡を訪ねて』（ともに集英社新書）、『クジャクの雄はなぜ美しい？』（紀伊國屋書店）、『世界は美しくて不思議に満ちている――「共感」から考えるヒトの進化』（青土社）。

教養みらい選書　007
人、イヌと暮らす
――進化、愛情、社会

2021年11月30日　第1刷発行　　定価はカバーに表示しています

著　者　長《は》谷《せ》川《がわ》眞《ま》理《り》子《こ》

発行者　上　原　寿　明

世界思想社
京都市左京区岩倉南桑原町56　〒606-0031
電話　075(721)6500
振替　01000-6-2908
http://sekaishisosha.jp/

（印刷・製本 太洋社）

ISBN978-4-7907-1763-8

教養みらい選書

001
僕がロボットをつくる理由
未来の生き方を日常からデザインする

石黒 浩

衣食住から恋愛・仕事・創造の方法まで、自身の経験や日々の過ごし方を交えて、「新しい世界を拓く楽しさ」と人生を率直に語る。

002
食べることの哲学

檜垣立哉

動物や植物を殺して食べる後ろ暗さと、美味しい料理を食べる喜び。この矛盾を昇華する、食の哲学エッセイ。隠れた本質に迫る逸品。

003
感性は感動しない
美術の見方、批評の作法

椹木野衣

子供の絵はなぜいいのか？美術批評の第一人者が、絵の見方と批評の作法を伝授し、批評の根となる人生を描く。書き下ろしエッセイ集。

004
音楽と出会う
21世紀的つきあい方

岡田暁生

人生を変えるような音楽と出会うには？21世紀に固有の音楽現象を挑戦的にとりあげ、規格外の音楽とつきあう楽しさを自在に語る。

006
二枚腰のすすめ
鷲田清一の人生案内

鷲田清一

読売新聞の人気連載「人生案内」から71の名問答を厳選。回答を裏打ちする人生哲学「二枚腰のすすめ」を書き下ろし。付録に自筆年譜。